JAVIER ROBLES

Incidencia de la hipoaclorhídria y nitritos en la mucosa gástrica

AF386987

JAVIER ROBLES

Incidencia de la hipoaclorhídria y nitritos en la mucosa gástrica

Como desencadenante de la atrofia y metaplasia

Editorial Académica Española

Imprint

Any brand names and product names mentioned in this book are subject to trademark, brand or patent protection and are trademarks or registered trademarks of their respective holders. The use of brand names, product names, common names, trade names, product descriptions etc. even without a particular marking in this work is in no way to be construed to mean that such names may be regarded as unrestricted in respect of trademark and brand protection legislation and could thus be used by anyone.

Cover image: www.ingimage.com

Publisher:
Editorial Académica Española
is a trademark of
Dodo Books Indian Ocean Ltd. and OmniScriptum S.R.L publishing group

120 High Road, East Finchley, London, N2 9ED, United Kingdom
Str. Armeneasca 28/1, office 1, Chisinau MD-2012, Republic of Moldova, Europe
Printed at: see last page
ISBN: 978-613-9-40482-7

AGRADECIMIENTO

Expreso mis más sinceros agradecimientos al Dr. Miguel Bilbao Díaz, Tutor de Tesis, a mi amigo de siempre José Guevara, al Dr. Fabián Romero gestor del tema y gastroenterólogo del Hospital sin su ayuda no hubiera sido posible la realización de este trabajo, a la Sra. Rosemery Velasteguí por su colaboración incondicional a Paulo Terán por ese impulso, a Lorena Peralta por su tiempo empleado y a todas las personas que me apoyaron a la culminación de este trabajo.

RESUMEN

La Medicina moderna tanto a nivel mundial como nacional, ha experimentado en los últimos años importantes avances en el diagnóstico de patologías específicas. Una de las áreas que más se ha beneficiado de estos avances tecnológicos es la gastroenterología y específicamente la endoscopia digestiva alta y baja. El objetivo de este trabajo fue establecer la incidencia de la hipoaclorhidria o aclorhidria y nitritos en la mucosa gástrica en pacientes atendidos en el Área de Gastroenterología del Hospital Solca Riobamba como desencadenante de la Atrofia y Metaplasia Gástrica, utilizando como método la endoscopia digestiva alta, el análisis del jugo gástrico y posteriormente la biopsia obtenida en este procedimiento. La muestra fue de 105 pacientes los cuales fueron sometidos a exámenes endoscópicos, donde se determinó la importancia de este examen y la utilidad de la toma de biopsia en este tipo de lesiones. También se determinó la relación entre los hallazgos macroscópicos y el resultado histopatológico, así mismo el tipo de infiltrado inflamatorio más frecuente diagnosticado, como también las patologías encontradas, todo lo anterior caracterizado según sexo, edad, procedencia y nivel educativo. Se logró determinar que del total de pacientes atendidos, 36 tuvieron presencia de nitritos en el jugo gástrico para un 34,28 %. Se observó hipoaclorhidria en 42 pacientes para un 40 % del total. Se encontró que en 36 pacientes hubo una relación de aclorhidria y nitritos conjuntamente con metaplasia y atrofia, siendo el 44,44 % del sexo femenino y el 55,55 % del sexo masculino. Igualmente se determinó que todos ellos presentaron metaplasia, disminución de grupos glandulares y a su vez ambas patologías, siendo estos considerados como lesiones importantes para el desarrollo de un carcinoma gástrico. El 100% de los pacientes a los cuales se les realizó este procedimiento, presentaban signos clínicos de enfermedad gastrointestinal, desde gastropatías leves hasta infiltrados neoplásicos en etapa avanzada. Se puede concluir que tanto la presencia de nitritos como de aclorhidria son factores de riesgo fundamentales para el desencadenamiento de atrofia y metaplasia gástrica.

PALABRAS CLAVE: ACLORHIDRIA, -ATROFIA –ENDOSCOPÍA - ENDOSCOPÍA DIGESTIVA ALTA -METAPLASIA,

ABSTRACT

The modern medicine at both global and national levels has experienced in recent years important advances in the diagnosis of specific pathologies. One areas that has benefited most from these technological advances is the gastroenterology and specifically the lower and upper endoscopy. The objective of this work was to establish the incidence of hipoaclorhidria or achlorhydria and nitrites in the gastric mucosa in patients in Gastroenterology area of Solca Hospital in Riobamba city as the caused of gastric atrophy and metaplasia, utilizing the method the upper gastrointestinal endoscopy, the analysis of gastric juice and subsequently the biopsy samples obtained in this procedure. The sample was 105 patients who underwent endoscopic examinations, where it was determined the importance of this test and the utility of biopsy in this type of injury. We also determined the relationship between the macroscopic findings and the histopathological result, as well as the type of inflammatory infiltrate more frequently diagnosed, as also the pathologies encountered, all the above characterized by sex, age, origin and educational level. It was determined that the total number of patients treated, 36 were presented of nitrites in the gastric juice for a 34.28 %. Hipoaclorhidria was observed in 42 patients for a 40 per cent of the total. It was found that in 36 patients there was a relationship of achlorhydria and nitrites jointly with atrophy and metaplasia, being the 44.44 % of females and the 55.55 % of male sex. Also it was determined that all of them presented metaplasia, decrease in glandular groups and in turn both disorders, these being considered as important injuries for the development of a gastric carcinoma. The 100% of patients who underwent this procedure showed clinical signs of gastrointestinal disease, from mild stomach diseases until neoplastic infiltrates in advanced stage. It can be concluded that both the presence of nitrite as achlorhydria are fundamental risk factors for the onset of gastric atrophy and metaplasia.

KEY WORDS: achlorhydria, -ATROPHY -ENDOSCOPÍA -ENDOSCOPÍA HIGH DIGESTIVE -metaplasia,

1. INTRODUCCIÓN

El cantón Riobamba es una entidad territorial subnacional ecuatoriana, de la Provincia de Chimborazo. Su cabecera cantonal es la ciudad de Riobamba, lugar donde se agrupa la mayor parte de su población total, posee una población de 263.412 habitantes y sumada a los cantones cercanos de Colta, Guano y Chambo que forman parte de "La Y" Metropolitana, suma una población total de 365.358 habitantes (Inen, 2012). La ciudad dispone de varios centros de atención de salud tanto básicos como especializados siendo uno de ellos el Hospital Oncológico Solca Riobamba, en el cual se emprende el estudio del presente trabajo.

Para que se produzca una atrofia y metaplasia gástrica es indiscutible la presencia de algunos factores entre ellos la ausencia de acidez normal del estómago, la presencia de nitritos o la colonización *Helicobacter pylori*. La colonización de la mucosa gástrica por la bacteria condiciona distintas lesiones inflamatorias, en un estadio inicial produce una inflamación con un infiltrado inflamatorio que se extiende a toda la profundidad de la mucosa desde la superficie y zona foveolar hasta la formación de folículos linfoides, lo que produce con el tiempo una gastritis crónica.

Con la inflamación comienza un proceso degenerativo de la mucosa gástrica, que conduce a la destrucción de las glándulas gástricas (atrofia). La lesión atrófica, inicialmente antral no es uniforme, observándose entre zonas preservadas de la mucosa y puede coexistir o ser reemplazada en algunos casos por epitelio de tipo intestinal (metaplasia intestinal), y su posterior progresión a displasia, observándose la presencia de otras formas avanzadas como linfoma de tejido linfoide asociado a la mucosa y carcinoma gástrico.

Hipoclorhidria y aclorhidria se refieren al decremento de la secreción de ácido clorhídrico en el estómago, tomando como parámetro normal el valor del pH de la mucosa gástrica es de 2,5 (Pérez E.Abdo J. Bernal F 2012). Uno u otro padecimiento puede ocurrir de manera espontánea como resultado de un trastorno clínico, o por administración de fármacos (iatrogénica). La hipoclorhidria o aclorhidria espontánea puede depender de muchas enfermedades. Ciertos procedimientos quirúrgicos también pueden disminuir la producción de ácido en el estómago, o eliminarla. La causa más frecuente de hipoclorhidria o aclorhidria espontánea es la inflamación activa o persistente del estómago (gastritis atrófica crónica).

La hipoclorhidria o aclorhidria iatrogénica causada por la administración de fármacos puede ser intermitente o persistir todo el día, dependiendo del medicamento tomado. La ingestión de antiácidos o antihistamínicos rara vez suscita decremento continuo de la secreción de ácido durante todo el periodo de 24 horas. Sin embargo, los inhibidores de la bomba de protones (inhibidores del hidrógeno-potasio ATPasa) pueden producir hipoclorhidria o aclorhidria persistente en algunos individuos.

El ambiente muy ácido en el estómago tiene una función protectora que inhibe el crecimiento de bacterias. La hipoclorhidria o aclorhidria disminuye la acidez y puede permitir el crecimiento de bacterias en el estómago y la parte alta del intestino delgado (duodeno). La contaminación bacteriana proviene de manera primaria de la saliva y los alimentos y, posiblemente, de la parte distal del intestino.

No están plenamente esclarecidos todos los factores determinantes en la progresión de la gastritis hacia la atrofia gástrica y metaplasia intestinal, se ha implicado además de la infección por *Helicobacter pylori* y su diversidad genómica, la susceptibilidad del huésped y la respuesta inmune.

Estas producen atrofia gástrica y metaplasia intestinal, en las cuales disminuye la producción de ácido clorhídrico, sustancia indispensable para la defensa de la mucosa gástrica contra la acción de gérmenes extraños, causantes de la presencia de nitritos en el medio gástrico que provocan la degradación de la mucosa. Si hay elevación del pH y no hay presencia de nitritos quiere decir que la hipoacidez es pasajera, por el contrario si hay elevación del pH y presencia de nitritos indica que el daño ya es una atrofia.

Generalmente en las atrofias no hay presencia de *Helicobacter pylori* o éste emigra a sitios no lesionados. Sí comprobamos lo dicho se puede implementar este estudio de bajo costo a nivel nacional que permita realizar biopsias para patologías solamente en los pacientes con elevación de pH y nitritos positivos. En otros pacientes se tratarían con los resultados endoscópicos y ureasa para investigar *Helicobacter Pylori*, abaratándose el costo de una forma muy significativa

Partiendo de esta premisa se emprendió la investigación con un total de 105 pacientes en el periodo septiembre 2012 a enero del 2013 que se procedieron a realizar la endoscopia digestiva alta (EDA) con el propósito de ver las molestias originadas en este aparato. Se determinó en el jugo gástrico la presencia o ausencia de la acidez, como la determinación del pH, así mismo el médico gastroenterólogo tomó muestras de biopsias para hacer la comparación con el estudio histopatológico, aquí se determina por microscopia la morfología y se relaciona con el tejido considerado como normal.

Del total de las 105 muestras analizadas, 36 se correlacionaron con el aumento del pH y nitritos positivos, así como con la presencia de metaplasia y atrofia gástrica, el resto de casos presentaron patologías relacionadas a gastropatías de leves a severas. El propósito de este trabajo fue determinar que la hipoacidez y nitritos presentes son causas de atrofia y metaplasia gástrica.

1.2. OBJETIVOS

1.2.1 OBJETIVO GENERAL

Establecer la incidencia de la hipoaclorhidria o aclorhidria y nitritos en la mucosa gástrica en pacientes atendidos en el Área de Gastroenterología del Hospital Solca Riobamba como desencadenante de la Atrofia y Metaplasia Gástrica.

1.2.2. OBJETIVOS ESPECÍFICOS

1.- Determinar los nitritos y ácido clorhídrico y correlacionarlos con la metaplasia y atrofia gástrica.

2.- Determinar la incidencia de la metaplasia y atrofia gástrica en los pacientes identificando edad, sexo, nivel educativo, procedencia, tipo de trabajo que desempeña.

3.- Identificar los factores de riesgo hereditario o adquirido.

1.3. HIPÓTESIS

La aclorhidria y los nitritos son causas desencadenantes para la presencia de metaplasia y atrofia gástrica.

1.4. VARIABLES

Independiente: La atrofia y metaplasia gástrica

Dependiente: La prueba de nitritos, hipoclorhidria o aclorhidria

Intervinientes: Pacientes con molestias gástricas que acuden al departamento de gastroenterología.

2. MARCO TEÓRICO

2.1 ANATOMÍA E HISTOLOGÍA DEL SISTEMA GASTROINTESTINAL.

El abdomen contiene la mayor parte del aparato digestivo, el estómago, el intestino delgado y el intestino grueso, así como el hígado, el páncreas y el bazo (Rouviere, 2001).

2.1.1 ANATOMÍA FUNCIONAL DEL ESTÓMAGO

El estómago constituye el reservorio donde finaliza la trituración de los alimentos iniciada en la cavidad bucal y donde comienza su digestión (Rouviere, 2001).

El estómago es una dilatación en forma de J del canal alimentario, continua al esófago en el sector proximal y al duodeno en el sector distal, y funciona, principalmente, como reservorio para almacenar grandes cantidades de comida recién ingerida, y así permitir ingestiones intermitentes, que inician el proceso digestivo y liberan su contenido en forma controlada hacia el resto del tracto digestivo para adaptarse a la menor capacidad del duodeno. El volumen del estómago oscila entre alrededor de 30 mL en un neonato hasta 1,5 a 2 L en un adulto (Sleisenger - Fordtran, 2002).

Se conocen como vísceras a los órganos contenidos dentro de las cavidades del cuerpo y relacionados, funcionalmente, con las grandes actividades tróficas de nutrición: digestión, respiración, circulación, secreción, excreción.
Las vísceras se hallan cubiertas por membranas conjuntivas o epiteliales denominadas serosas, como el peritoneo, la pleura, el pericardio (Sleisenger- Fordtran, 2002).

El sistema digestivo abarca el conjunto de órganos que se encargan de tomar del medio externo los alimentos destinados a remplazar las pérdidas que ocasiona el trabajo celular de cada día (Sleisenger - Fordtran, 2002).

2.1.2 Desarrollo embrionario

El sistema digestivo proviene de la hoja interna del embrión o endodermo. En los primeros estadios se forma un conducto ciego llamado intestino primitivo que se extiende desde su extremidad cefálica hasta su extremidad caudal. Al ponerse en contacto con el ectodermo se constituye el estomodeum o futura boca en la parte de arriba y el protodeum o futuro ano, hacia abajo. Estos orificios inicialmente se hallan obstruidos por muros epiteliales que luego se reabsorben (Sleisenger - Fordtran, 2002).

El desarrollo y rotación del estómago aparece en la cuarta semana de gestación (28 días), como una dilatación del intestino distal. A medida que el estómago se agranda la cara dorsal crece más rápido que la ventral, para formar la curvatura mayor. Así mismo durante el proceso de agrandamiento rota su eje longitudinal alrededor de 90 grados y la curvatura mayor (la cara dorsal) queda orientada hacia la izquierda y la curvatura menor (cara ventral) hacia la derecha. Los efectos combinados de la rotación y de las diferencias de crecimiento dan como resultado que el estómago se ubique en forma transversal en la zona superior media e izquierda del abdomen (Sleisenger_ Fordtran, 2002).

Embriológicamente casi todos los órganos del sistema digestivo se desarrollan a partir del endodermo del intestino primitivo (Hib, 1999). El sistema digestivo tiene un rol importante en el organismo (García-Conde-Merino, 1995), en él están involucrados los procesos de digestión, absorción y excreción de sustancias necesarias para el funcionamiento de otros sistemas del ser vivo (Guyton, 1999).
El esófago es relativamente ancho y dilatable, en su origen faringoesofágico está ligeramente constreñido. Este estrechamiento inicial de su luz está causado por la prominencia de la parte ventral de la mucosa, bajo la cual existe una capa gruesa de glándulas. El estómago, región más dilatada del tubo digestivo, es una estructura en forma de saco, se puede dividir en cardias, fondo, cuerpo y antro, canal y orificio pilóricos, el fondo está en dorsal del orificio cardíaco (Gartner-Hiatt, 1997).

2.2 HISTOLOGÍA.

La histología del tubo digestivo se describe a menudo en término de cuatro capas amplias: mucosa, submucosa, muscular externa y serosa (o adventicia). (Figura N° 1). Estas capas son semejantes en toda su longitud, cuyo carácter y grosor varían con las necesidades funcionales en distintas regiones (Gartner - Hiatt, 1997; Lesson -Lesson, 1980).

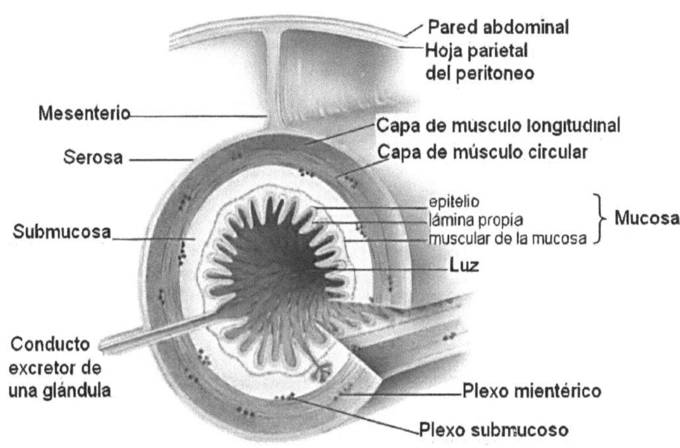

Figura N° 1 Esquema de las capas Histológicas del Intestino.

La luz del tubo digestivo está revestida por un epitelio, que reposa sobre una capa de tejido conectivo laxo más profunda que se conoce como lámina propia (Gartner - Hiatt, 1997).

El epitelio, lámina propia (o propia) y muscular de la mucosa se denominan de manera colectiva mucosa (Gartner-Hiatt, 1997). Esta mucosa es una barrera importante que separa el medio ambiente luminal de aquel de la cavidad abdominal

Esta capa está rodeada por tejido conectivo fibroelástico denso e irregular, y se denomina submucosa que contiene también vasos sanguíneos y linfáticos lo mismo que un plexo nervioso parasimpático, el plexo submucoso de Meissner, que controla la motilidad de la mucosa, lo mismo que las actividades secretorias de sus glándulas (Gartner - Hiatt, 1997).

La submucosa está revestida por una capa muscular gruesa llamada capa muscular externa, que se encarga de la actividad peristáltica, moviendo al contenido de la luz a lo largo del tubo digestivo (Gartner - Hiatt, 1997).

La capa muscular externa está compuesta por músculo liso (salvo en el esófago) y suele estar organizada a su vez en dos capas, una circular interna y otra longitudinal externa (Gartner -Hiatt, 1997).

También hay un plexo nervioso parasimpático, denominado plexo mientérico de Auerbach, situado en medio de las dos capas que regula la actividad de la capa muscular externa que está envuelta por una capa de tejido conectivo delgada pudiendo estar rodeada a su vez o no por epitelio escamoso simple del peritoneo visceral llamada serosa o adventicia (Gartner -Hiatt, 1997).

El tubo digestivo recibe su inervación parasimpática del nervio vago, salvo en el caso del colon descendente y el recto, que se encuentran inervados por los nervios craneosacros (Gartner-Hiatt, 1997).

La superficie luminal del intestino delgado está modificada para incrementar superficie de su mucosa, para realizar las funciones, especialmente de absorción y secreción digestivas (Gartner -Hiatt, 1997; Lesson-Lesson, 1980).

Son tres tipos de modificaciones que se han observado: pliegues circulares (válvulas de Kerckring), vellosidades y microvellosidades (Gartner-Hiatt, 1997). (Figura N° 2).

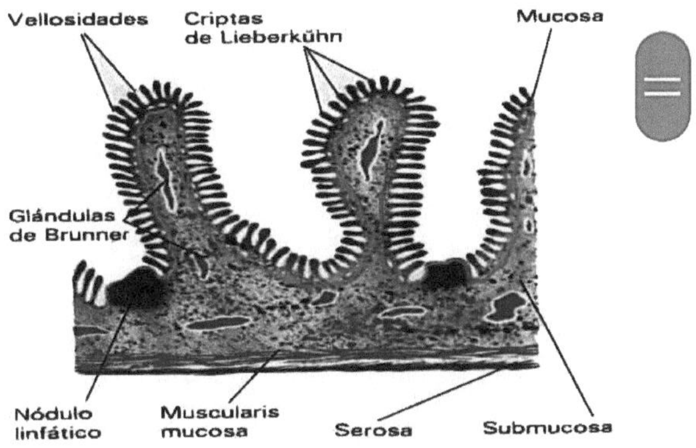

Figura No. 2 Esquema de la mucosa del intestino delgado y su composición celular.

Pliegues circulares (válvulas de Kerckring): son pliegues circulares o en espiral de un núcleo que incluyen el grosor total de la mucosa con los de la submucosa (Lesson-Lesson, 1980).

Comienzan en el duodeno llegando a su desarrollo máximo en el duodeno terminal, yeyuno proximal, y después de ello disminuyen para desaparecer en la mitad distal del íleon (Gartner-Hiatt, 1997; Lesson-Lesson, 1980).

Las vellosidades son proyecciones pequeñas digitiformes de la membrana mucosa, que se encuentran solamente en el intestino delgado, y se encuentran cubiertas de epitelio y tienen un núcleo de lámina propia (Gartner-Hiatt, 1997; Lesson-Lesson, 1980).

El centro de cada vellosidad contiene asas capilares, un conducto linfático de terminación ciega (vaso quilífero) y algunas fibras de músculo liso (Gartner-Hiatt, 1997; Lesson-Lesson, 1980).

Las criptas de Lieberkühn son estructuras tubulares que desembocan entre las bases de las vellosidades y se extienden en sentido profundo por el espesor de la membrana mucosa hasta alcanzar un punto cerca de la muscular de la mucosa (Lesson-Lesson, 1980).

Las células cilíndricas de absorción que recubren las vellosidades y que revisten las criptas, tienen un borde estriado con innumerables prolongaciones o microvellosidades. (Lesson-Lesson, 1980).

La lámina propia del intestino delgado, que se extiende hasta la capa muscular de la mucosa, se encuentra comprimida en láminas delgadas de tejido conectivo muy vascularizado a causa de las numerosas glándulas intestinales tubulares, llamadas criptas de Lieberkühn que están compuestas por células superficiales de absorción, células caliciformes, células regenerativas, células enteroendocrinas y células de Paneth las cuales se distinguen con claridad por la presencia de gránulos de secreción eosinófilos apicales de gran tamaño (Gartner-Hiatt, 1997). (Figura N° 2). El íleon cuenta con agregaciones permanente de nódulos linfoides que se conocen de manera colectiva como placas de Peyer (Gartner-Hiatt, 1997).

La submucosa del duodeno alberga glándulas, que han recibido el nombre de glándula de Brunner, que son glándulas túbulo alveolares ramificadas cuyas porciones secretorias se parecen a los acinos mucosos (Gartner-Hiatt, 1997).

El colon carece de pliegues y vellosidades, por ello el epitelio de la superficie es más patente que en el intestino delgado Lesson-Lesson, 1980), y está ricamente dotado de Glándulas tubulares llamadas criptas de Lieberkünh, que son de composición similar a las del intestino delgado, salvo que carecen de células de Paneth, estas glándulas tubulares se extienden en forma recta desde la superficie a través de toda la mucosa hasta la muscular (Gartner-Hiatt, 1997). (Figura 3)

La endoscopía gastrointestinal conocida con el nombre de endoscopia digestiva alta y baja es útil como examen complementario y si es efectivamente fidedigno para afirmar o descartar las patologías que puedan producir alteraciones en el sistema digestivo (Gartner-Hiatt, 1997).

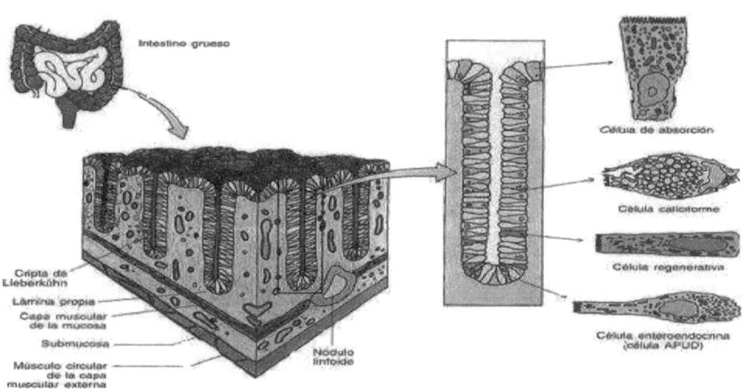

Figura No. 3 Esquema de la mucosa del intestino grueso y su composición celular.

2.2.1 SECRECIÓN GÁSTRICA

FISIOLOGÍA

El estómago secreta agua, electrolitos, enzimas con actividad a pH ácido (pepsina y lipasa) y glicoproteinas (factor intrínseco, mucina). El jugo gástrico también contiene pequeñas cantidades de calcio y magnesio además de trazas de zinc y hierro (Sleisenger-Fordtran, 2002). (Anexo 4).

2.2.2 CÉLULAS EPITELIALES EXÓCRINAS

Las células exócrinas del estómago provienen de células troncales ubicadas en la región media (cuello) de las glándulas gástricas. El flujo de las células del cuello hacia la superficie es un proceso rápido (<1semana), mientras que el flujo hacia abajo, de las células del cuello hacia las glándulas gástricas pueden requerir varias semanas, a medida que las células indiferenciadas maduran y se transforma en células más especializadas, como las células parietales y las células principales (Sleisenger-Fordtran, 2002).

Las células cilíndricas que cubren la superficie del estómago y sus fobias (células superficiales) secretan sodio a cambio de hidrogeno, carbonatos, mucina y fosfolípidos y todos ellos ayudan a proteger la mucosa gástrica de la lesión debida a la pepsina ácida luminal y las toxinas ingeridas (Sleisenger- Fordtran, 2002).

2.2.3 GASTRINA

La gastrina es el estimulante endógeno más potente de la secreción de ácido gástrico; no es un único péptido, sino que pertenece a una familia de péptidos de diversas longitudes, que se obtiene a partir del procesamiento de un procurador más grande de 101 aminoácidos (pre-progástrina), (Sleisenger- Fordtran, 2002).

2.3 FISIOLOGÍA GÁSTRICA

El estómago participa de forma importante en la nutrición humana y tiene funciones secretoras, motoras y humorales. El estómago ejerce numerosas funciones fisiológicas:

- Sirve como almacén de los alimentos el tiempo necesario para que las secreciones gástricas actúen sobre ellos e inicien su digestión.
- Produce el jugo gástrico, el cual contiene ácido y pepsinógeno.
- Mezcla los alimentos para reducir el tamaño de sus partículas y dar salida al quimo, a la velocidad necesaria.
- Interviene en el control del apetito y del hambre.
- Controla la flora bacteriana que llega al intestino delgado evitando el sobrecrecimiento bacteriano.

- Interviene en la hematopoyesis mediante la secreción del factor intrínseco el cual es necesario para la absorción de vitamina b-12 (Drucker, 2005).

- Protege la mucosa gástrica de su propia secreción ácido péptica y del jugo duodenal, mediante el mantenimiento de una barrera mucosa intacta.

- Produce y libera sustancias que actúan por vía endócrina o parácrina para regular procesos digestivos metabólicos (Dvorkin, 2003).

2.3.1 SECRECIÓN GÁSTRICA

COMPOSICIÓN DEL JUGO GÁSTRICO

El jugo gástrico es el líquido secretado por las glándulas gástricas al interior del estómago. Es una solución acuosa que contiene componentes inorgánicos como el cloro (Cl^-), Iones hidrógenos (H+), Potasio (K+), Sodio (Na+) y Bicarbonato (HCO -3), y componentes orgánicos como moco, pepsinógenos I y II y factor intrínseco. El pH es muy bajo (alrededor de 2.5), (Pérez-Abdo-Bernal, 2012).

2.3.2 MEDICIÓN DE LA SECRECIÓN DE ÁCIDO

INDICACIONES DE LA EVALUACIÓN DE LA SECRECIÓN

El ácido clorhídrico es secretado por las células parietales u oxinticas a una concentración aproximada de 160 mmoles/L con un pH 0,8 (Pérez-Abdo-Bernal, 2012).

Las células parietales en reposo tienen unas estructuras únicas, el aparato túbulo vesicular que contiene la bomba de protones (H+/K+ ATPasa), y los caniculos secretores intracelulares, que tienen una gran cantidad de largas microvellocidades que le permiten aumentar cuatro a cinco veces la superficie luminal (Pérez-Abdo-Bernal, 2012).

2.3.3 SECRECIÓN DEL PEPSINÓGENO

El pepsinógeno, que es el principal proenzima del jugo gástrico, es el precursor inactivo de la pepsina. Es secretado por las células principales en las glándulas de la mucosa gástrica (Pérez-Abdo-Bernal, 2012).

Los pepsinógenos se clasifican en pepsinógeno tipo I y II. El pepsinógeno I es el predominante es secretado por las células glandulares de la mucosa del fondo o cuerpo gástrico se detectan en el suero y se elimina en la orina como uropepsinogeno. El pepsinógeno II se secreta en el fondo, antro, cardias y duodeno proximal (Pérez-Abdo-Bernal, 2012). En el ambiente ácido del estómago el pepsinógeno se activa a pepsina por la escisión del N-terminal. Esta activación ocurre solo a pH menor a 5. A pH de 5 a 3 la activación de pepsinógeno a pepsina es lenta, y con un pH menor a 3 es muy rápida.

Una vez que se activa el pepsinógeno, su actividad depende del pH. Su actividad es óptima a pH entre 1.8 y 3.5 valores de pH mayores que 3.5 inactiva reversiblemente la pepsina, y valores de pH mayores de 7,2 la inactiva de modo irreversible (Pérez-Abdo-Bernal, 2012).

La aclorhidria que es resultado de la destrucción de células parietales, ocurre en estadios avanzados y la hipoaclorhidria puede ocurrir incluso con un gran número de células parietales conservadas, éste sugiere que puede existir algún anticuerpo anti-bombas de protones (Odze-Goldblum, 2009).

2.3.4 OTRAS FUNCIONES

Otra enzima secretada en el estómago es la lipasa gástrica la cual actúa sobre la grasa que se encuentra en la leche y desdobla los triglicéridos de cadena corta de ácidos grasos y monogliceridos (Pérez-Abdo-Bernal, 2012). Funciona de manera óptima con pH de 4 a 7; esta enzima es de actividad limitada en el estómago de adultos, tiene mayor importancia en los niños (Pérez-Abdo-Bernal, 2012).

La hipoaclorhidria y aclorhidria son una causa de sobrecrecimiento bacteriano en el intestino proximal y que están relacionadas con mayor incidencia de pacientes con el síndrome de diarrea del viajero (Greenberger-Blumberg-Burakoff, 2009).

2.3.5 SECRECIÓN DEL MOCO

El moco gástrico es un gel viscoso constituido por 5 % de glicoproteínas y 95 % de agua, con una viscosidad de 30 a 269 veces la del agua; ésta adherida a la capa de células epiteliales y tiene un espesor de 5mm (Schwartz, 2005).

Esta capa de gel mucoso proporciona protección en contra de las lesiones de sustancias luminales nocivas, incluyendo ácido, pepsinas, ácidos biliares y etanol. Además, lubrica la mucosa gástrica para minimizar los efectos abrasivos de la comida intraluminal (Latarjet, 2005).

Cuando la mucosa entra en contacto con una solución de pH muy bajo, el moco se precipita por lo que las células mucosas deben secretar moco de manera constante (Latarjet, 2005).

La medición de la secreción de ácido gástrico puede ayudar en el diagnóstico clínico y el manejo de pacientes con gastrinoma y otros estados hipersecretorios de ácido, en el diagnóstico de una vagotomía incompleta en pacientes con úlcera péptica recurrente postquirúrgica (Sleisenger-Fordtran, 2002).

Así mismo, la demostración de ácido en ayunas (o pH gástrico ácido en ayunas), excluye la aclorhidria como causa de una concentración sérica de gastrina notablemente elevada. Los pacientes deben suspender los fármacos antisecretorios gástricos antes de medir la secreción de ácido en ayunas (Sleisenger-Fordtran, 2002).

2.3.6 PRODUCCIÓN BASAL DE ÁCIDO (PBA)

La PBA representa el ácido gástrico secretado sin estimulación intencional ni evitable. Alrededor de 2 a 3 personas normales secretan cierta cantidad de ácido gástrico en condiciones basales, el límite superior de la PBA normal es de alrededor de 10 mmol por hora en hombres y de 5mmol por hora en mujeres (Dalenback, 1996)

La PBA fluctúa de hora en hora en la misma persona. La PBA más baja ocurre entre las 5 y las 11 de la mañana y la más elevada entre las 2 de la tarde y las 11 de la noche. La variación de la PBA también depende de la actividad motora gástrica cíclica, es probable que debido a fluctuaciones en el tono colinérgico (Sleisenger-Fordtran, 2002).

2.3.7 SECRECIÓN DE ÁCIDO ESTIMULADA POR LA COMIDA

Las tasas de secreción de ácido gástrico después de la ingesta aumentan con rapidez y se acercan al valor del pico de producción de ácido (PPA). A pesar de ésto el pH en el estómago aumenta porque las proteínas de la comida neutralizan el ácido secretado (Sleisenger-Fordtran, 2002).

Luego, el pH intragastrico postprandial disminuye por debajo del pH basal a medida que la secreción de ácido gástrico mantiene la secreción y actúan los amortiguadores o la comida sale del estómago (Sleisenger-Fordtran, 2002).

2.4 PATOLOGÍAS QUE AFECTAN AL SISTEMA GASTROINTESTINAL Y PUEDEN SER DIAGNOSTICADAS AL REALIZAR UN EXAMEN ENDOSCÓPICO CON POSTERIOR TOMA DE BIOPSIA.

El sistema gastrointestinal se ve afectado por un gran número de patologías, sin embargo este capítulo se refiere a las patologías que se pueden diagnosticar mediante endoscopia y/o biopsia (Yazbeck, 1995).

2.4.1 ANOMALÍAS DEL DESARROLLO

Las anomalías congénitas del esófago son relativamente comunes (1 en 3000 a 1 en 4500 en nacidos vivos), y se deben a defectos genéticos o al stress intrauterino que impiden la maduración fetal (Yazbeck, 1995). Las anomalías esofágicas son comunes en los recién nacidos prematuros, y el 50 % presentan otros trastornos, que se le resume en el acrónimo VACTERL (antiguamente VATER), (Yazbeck, 1995).

2.4.2 ATRESIA ESOFÁGICA Y FÍSTULA TRAQUEOESOFÁGICA

La atresia esofágica las fístulas gastroesofágicas son las anomalías del desarrollo esofágico más importante y las más comunes. La primera resulta del defecto de la recanalización en el intestino primitivo anterior; las otras provienen de la falla del brote pulmonar para separarse completamente del intestino anterior (Spitz, 1996). La atresia esofágica se produce como una anomalía aislada sólo en el 7 % de los casos el 93% restante se acompaña de una de las formas de fístula traqueoesofágico (Spitz, 1996).

En la atresia aislada del esófago superior termina en un fondo de saco ciego y el inferior se conecta con el estómago. Esta patología se puede sospechar antes del nacimiento por el desarrollo de polihidramnios (a causa de la incapacidad del feto para deglutir y de esta manera absorber el líquido amniótico) o en el nacimiento por la regurgitación de saliva y el abdomen excavado (sin aire), (Pope, 1993).

2.4.3 ESTENOSIS CONGENITA

La estenosis congénita es una anomalía poco frecuente que ocurre sólo en 1 cada 25000 nacidos vivos. El segmento estenosado varia de 2 a 20cm de longitud y por lo general se localiza dentro del tercio medio o inferior del estómago. La causa precisa de la estenosis congénita no está totalmente aclarada (Sleisenger- Fordtran, 2002).

Cuando se reseca mucho de las paredes estenosadas contienen secuestros de tejido respiratorio (hialino, cartilaginoso, epitelio respiratorio), lo cual sugiere que su origen es la separación incompleta del brote pulmonar del intestino primitivo anterior (Sleisenger-Fordtran, 2002).

En otros casos la estenosis proviene de la hipertrofia fibromuscular o del daño del plexo mientérico con pérdida de los elementos neurales productores de óxido nítrico relajante del músculo liso (Sleisenger- Fordtran, 2002).

2.4.4 DUPLICACIONES ESOFÁGICAS

Las duplicaciones congénitas del esófago se producen en 1 de cada 8000 nacidos vivos. Surgen como casos revestidos de epitelio desde el intestino primitivo anterior y se desarrollan para producir estructuras tubulares o quísticas que no se comunican con la luz esofágica (Sleisenger- Fordtran, 2002). Los quistes conforman el 80 % de las duplicaciones y por lo general son estructuras únicas llenas de líquido (Sleisenger-Fordtran, 2002).

2.4.5 ANILLOS ESOFÁGICOS

El esófago distal contiene dos "anillos", el a y el b, que demarcan anatómicamente los bordes proximal y distal del vestíbulo esofágico (Chotiprasidhi, 2000).

2.4.6 PATOLOGÍAS QUE AFECTAN AL ESTÓMAGO E INTESTINO Y QUE SE DIAGNOSTICAN MEDIANTE ENDOSCOPIA Y/O BIOPSIA:

El término gastritis que significa inflamación del estómago es uno de los conceptos médicos interpretados en forma más heterogénea, ya que constituye un proceso patológico diverso y multicausal (Ramos, 2000).

Este término se refiere a una serie de entidades donde existe daño de la mucosa gástrica con presencia de infiltrado inflamatorio; por lo general la ocasiona agentes infecciosos, reacciones de hipersensibilidad, autoinmunes o idiopáticas y por tanto, su diagnóstico se establece única y exclusivamente con histología mediante toma de biopsia (Ramos, 2000). El término gastropatía se emplea cuando hay daño mucoso gástrico en que el infiltrado inflamatorio es mínimo o no existe, y la alteración predominante es epitelial (gastropatía reactiva) o vascular (congestiva, isquémica, etc.), (Ramos, 2000).

2.4.6.1 CLASIFICACIÓN

Por su apariencia macroscópica y etiología se clasifican en especificas e inespecíficas; por el tipo de células inflamatorias se dividen en agudas y crónicas; por su localización en tipo A cuando abarca el fondo y cuerpo gástrico (por lo general se relaciona con factores inmunológicos); el tipo B se ubica en antro (se asocia sobre todo con infección por H pylori) y el tipo AB es una pangastritis (Pérez-Abdo-Bernal, 2012).

GASTROPATÍAS AGUDAS

Las gastropatías agudas, que también se denomina erosiva hemorrágicas, el infiltrado inflamatorio es mínimo o se encuentra ausente, por lo que el término más apropiado es el de gastropatía, en lugar de GASTRITIS (Sleisenger-Fordtran, 2002).

Se caracteriza por la existencia de erosiones (pérdida de continuidad de la mucosa, sin involucrar la *muscularis mucosae)* o de focos hemorrágicos en la mucosa del estómago o duodeno, que pueden ser escasos o múltiples (Sleisenger-Fordtran, 2002).

Las lesiones se observa mediante endoscopia y por lo regular no se requiere la obtención de biopsias, a menos que se sospeche un tipo especial de gastritis (Sleisenger-Fordtran, 2002).

GASTROPATÍAS POR ANTIINFLAMATORIOS NO ESTEROIDEOS

Los antiinflamatorios no esteroideos conforman un grupo de medicamentos de gran importancia y uso muy frecuente en la práctica médica habitual debido a su amplio espectro terapéutico, que abarca no sólo su efecto antiinflamatorio, analgésico y antitérmico bien conocidos, sino que su abanico se ha expandido en los últimos años al demostrarse su eficacia en muchas otras situaciones patológicas (Hawkey-Langman, 2003).

El efecto local, durante el paso del medicamento por el estómago, participa el pH gástrico y la estructura ácida del Aines (sobre todo con el ácido acetilsalicílico), que disminuye la barrera mucosa protectora hidrofobica lo que favorece la retrodifusion de hidrogeniones y en caso de existir concomitantemente reflujo biliar favorece el daño de la mucosa, además de participar metabolitos activos de manera directa en el daño, sobrctodo con la aspirina (Hawkey-Langman, 2003).

GASTRITIS CRÓNICAS

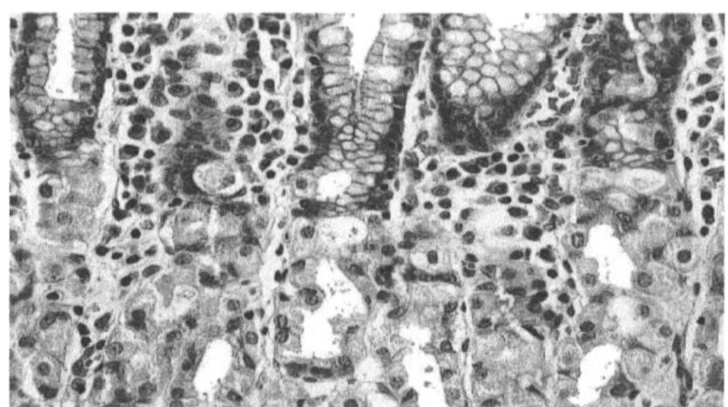

Figura No. 4 Gastritis crónica superficial. Coloración H-E
Fuente:http://www.conganat.org/7congreso/trabajo.asp?id_trabajo=521&tipo=1

El término gastritis crónica implica la existencia de infiltrado inflamatorio de la mucosa gástrica (Zhang, 2005). El trascendental descubrimiento de que el H pylori se encuentra implicado en la etiología de la mayoría de los casos replantea conceptos previamente establecidos (Zhang, 2005).

Gastritis crónica erosiva.- La gastritis erosiva es una forma de gastritis en la cual se presenta una ulceración en la capa más profunda del revestimiento del estómago. Este tipo de gastritis afecta a personas de distintas edades, siendo más común en hombres que en mujeres (Zhang, 2005).

Está muy relacionada a uso frecuente de AINES (anti inflamatorios no esteroideos), alcohol, presencia de Helicobacter Pylori, tabaquismo, etc. Estas erosiones pueden ser poco profundas a profundas y por lo general son de forma circular y pueden sangrar, lo que deja al paciente en riesgo de desarrollar anemia o una perforación (Zhang, 2005).

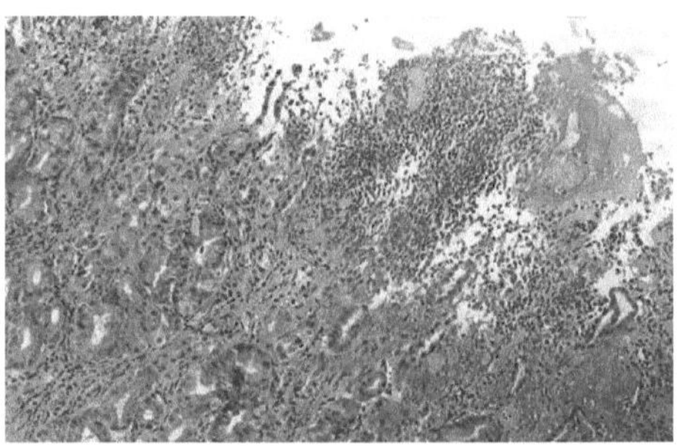

Figura No. 5 Gastritis crónica erosiva. Coloración H-E
Fuente:http://www.conganat.org/7congreso/trabajo.asp?id_trabajo=521&tipo=1

Gastritis crónicas no atróficas.- En ellas histológicamente existe infiltrado inflamatorio sin destrucción ni pérdida de glándulas gástricas (Zhang, 2005).

Gastritis crónica superficial.- Tiene infiltrado inflamatorio linfoplasmocitario en banda, que ocupa la porción superficial de la mucosa gástrica en foveolas y cuellos glandulares. Se considera que no es una patología como tal sino que representa el estado inicial de otras formas de gastritis crónica se asocia con ingesta de alcohol, ciertos alimentos condimentados, medicamentos e infección por H. pylori (Zhang, 2005).

Gastritis antral difusa.- Se caracteriza por un denso inflamatorio linfoplasmocitario que abarca todo el espesor de la mucosa del antro, expande la lámina propia y separa las glándulas gástricas, dando la falsa apariencia de pérdida glandular y atrofia, puede haber folículos linfoides prominentes que reciben el nombre de gastritis folicular. Este tipo de gastritis se encuentra en casi todos los casos de úlcera duodenales o pilóricas, y el agente etiológico principal es el H pylori (Zhang, 2005).

Gastritis química o por reflujo. - Se considera un subtipo clínico patológico especial dentro de la gastritis no atrófica. Ocurren en pacientes con anastomosis postgastrectomias o que tienen reflujo, duodeno-gástrico persistentes ocasionado por la presencia de sales biliares que, combinados con isolecitina y enzimas pancreáticas dañen la mucosa gástrica. Desde el punto de vista histológico hay edema estromal, expansión y tortuosidad de espacios foveolares, congestión vascular, escaso infiltrado inflamatorio (Zhang, 2005).

GASTRITIS ATRÒFICAS

Conforman este grupo dos entidades nosológicamente distintas, en las que existe reducción y pérdida de glándulas gástricas (Zhang, 2005).

Gastritis atrófica corporal difusa.- Se caracteriza por la pérdida (atrofia) de las glándulas oxinticas del cuerpo y fondo gástrico, con afección principal de las células principales y parietales, (productoras de ácido y de factor intrínseco), (Zhang, 2005).

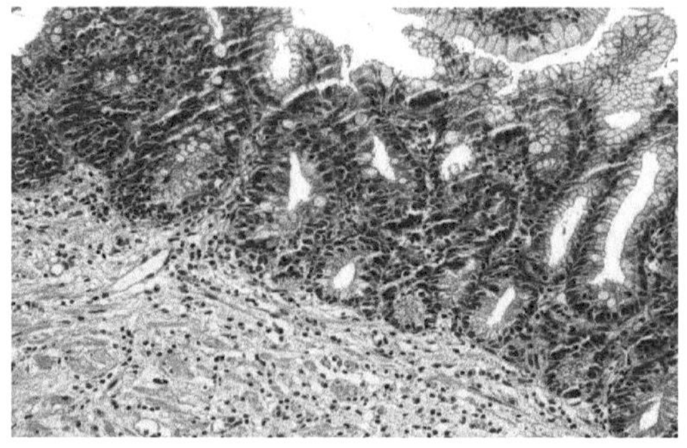

Figura No. 6 Gastritis crónica atrófica. Coloración H-E
Fuente:http://www.conganat.org/7congreso/trabajo.asp?id_trabajo=521&tipo=1

Es progresiva llevando a una severa atrofia epitelial con extensa metaplasia intestinal tiene alto riesgo de desarrollo del lesiones neoplásicas malignas las que se origina en territorio metaplásico, con mínima asociación con úlceras gástricas (Zhang, 2005).

Gastritis crónica atrófica multifocal.- Se encuentra distribuida en todos los continentes y tipos raciales, y su presencia coincide con la distribución geográfica de las poblaciones con alto riesgo de úlcera y cáncer gástrico. Desde el punto de vista histológico muestra focos independientes, con distribución en parches de atrofia glandular y presencia de metaplasia que puede ser: de fenotipo maduro, también llamado de tipo I, metaplasia completa o de intestino delgado; o bien fenotipo inmaduro, denominada metaplasia incompleta o de intestino grueso (Jm-Blasco, 2005).

Gastritis crónicas foliculares.- La gastritis crónica folicular tiene su característica principal en la reacción inflamatoria que define infiltrado de células mononucleares de las cuales se pueden mencionar como las principales los monocitos y al mismo tiempo, produce la formación de folículos linfoides que poseen un centro germinal (De weerth-Gocht-Seewald-Brand, 2002).

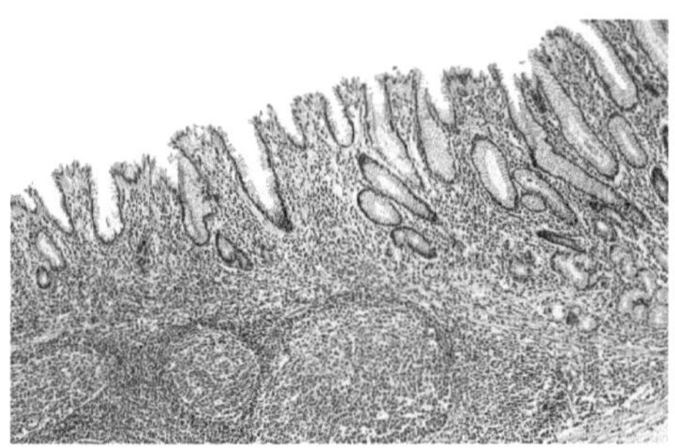

Figura No.7 Gastritis crónica atrófica. Coloración H-E
Fuente:http://www.conganat.org/7congreso/trabajo.asp?id_trabajo=521&tipo=1

Gastroenteritis eosinofílica, es un desorden poco frecuente y mal comprendido, caracterizado por la infiltración difusa o segmentaria de alguna parte del conducto alimentario con eosinofilos maduros, por lo general, acompañada con eosinofilia periférica. La enfermedad afecta a una o más capas del estómago, intestino delgado o colon con los resultantes síndromes clínicos de vómito crónico (gastroenteritis eosinofílica), (Sainz y Rodríguez, 2004), diarrea crónica del intestino delgado (enteritis eosinofílica), diarrea crónica de intestino grueso (colitis eosinofílica) o cualquier combinación de éstos (Wolfe, 2002).

2.5 NEOPLASIAS QUE AFECTAN AL SISTEMA GASTROINTESTINAL.

En 1983 Marshall y Warren reportaron a la comunidad científica el hallazgo en el estómago de pacientes con gastritis y úlcera péptica de una bacteria espirilada Gram negativa a la que denominaron *Campylobacter like* organism (organismo parecido al *Campylobacter*) y que hoy se conoce como *Helicobacter pylori* (Ramírez-Ramos-Gilman, 2004).

Esta comunicación fue recibida con gran escepticismo pues hasta entonces se afirmaba que "en el estómago no podía sobrevivir ningún microorganismo, debido al pH gástrico ácido, existiendo sólo la posibilidad de que hayan gérmenes de paso y que los microorganismos descritos por estos autores australianos se debían a contaminación", (Ramírez-Ramos-Gilman, 2004).

Pasó casi una década de incredulidad y controversias hasta que la evidencia acumulada durante ese tiempo sobre el rol patógeno de esta bacteria dentro de la multifactoriedad de la úlcera péptica, gástrica y duodenal, motivó que en el Congreso Mundial de Gastroenterología, realizado en Australia en 1990, se recomendara "la erradicación del *Helicobacter pylori* en todo paciente con úlcera gástrica o duodenal en que se demostrara su presencia", (Ramírez-Ramos-Gilman, 2004).

A partir de entonces, vino una explosión de comunicaciones sobre resultados de investigación en diversos campos: Microbiología, Biología Molecular, Epidemiología, mecanismos de patogenicidad, métodos diagnósticos, esquemas de tratamiento, recurrencia, reinfección y vacunación (Ramírez-Ramos-Gilman, 2004).

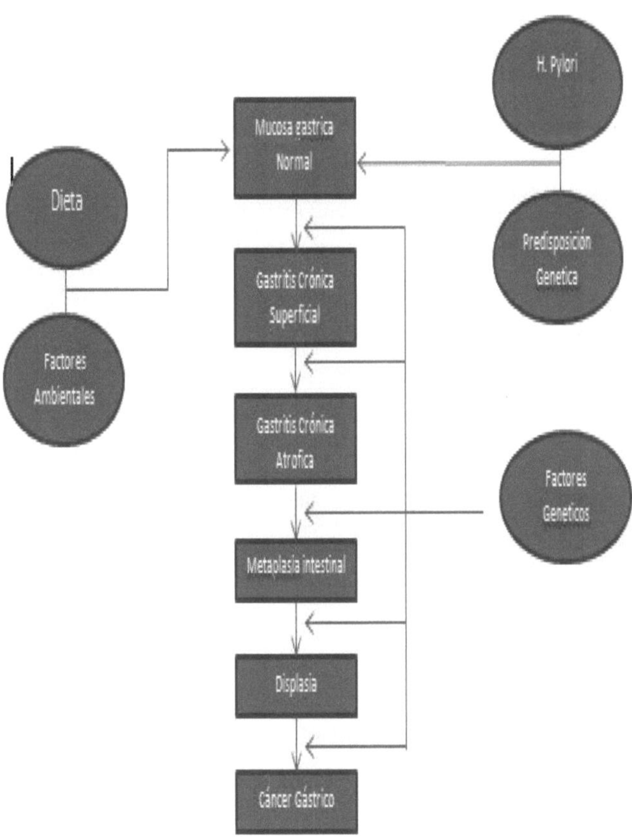

Figura No. 8. Hipótesis de la génesis del cáncer gástrico asociado a la infección
Fuente: Farreras-Rozman, 2000.

De otro lado, frente a la heterogeneidad de resultados de las investigaciones en cada uno de estos campos, y por ende a las controversias resultantes, se iniciaron los consensos para unificar criterios sobre la acción patógena, métodos de diagnóstico, esquemas de tratamiento, entre otros aspectos: Consenso de los Institutos Nacionales de Salud de los Estados Unidos de Norte América (1994), Consenso Latinoamericano (1999), Consenso de Maastricht (1997, 1998 y 1999), Consenso de Colegio Americano de Gastroenterología (2002), (Ramírez-Ramos-Gilman, 2004).

Se llega así al momento actual en que se acepta que la infección por esta bacteria desempeña un papel importante en la génesis de la gastritis, úlcera péptica duodenal, úlcera péptica gástrica, cáncer gástrico y linfoma tipo MALT. En relación al rol que puede jugar el *Helicobacter pylori* dentro de la multifactoriedad etiopatogénica del cáncer gástrico, se han publicado muchas "evidencias epidemiológicas", habiéndose postulado varias hipótesis para explicarlas (Ramírez-Ramos-Gilman, 2004).

De otro lado, se han expuesto diversos denominados "enigmas" o variaciones geográficas. Se Considera que desde el punto de vista epidemiológico no es difícil establecer conclusiones con sustento estadístico. Lo que generalmente es difícil es explicar satisfactoriamente estas relaciones y es el caso también del vínculo *Helicobacter pylori* - cáncer gástrico – epidemiología (Ramírez-Ramos-Gilman, 2004).

2.6 METAPLASIA INTESTINAL

La metaplasia intestinal es un proceso frecuente, sobre todo en áreas de alta incidencia de cáncer gástrico.

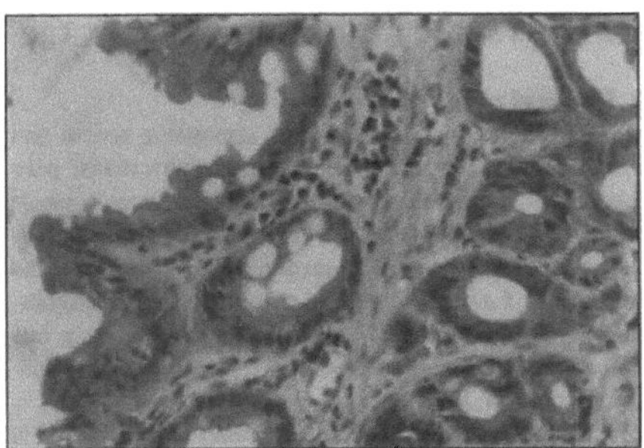

Figura No. 9. Metaplasia intestinal completa. Coloración H-E
Fuente:http://www.conganat.org/7congreso/trabajo.asp?id_trabajo=521&tipo=1

Se ha calculado que tras 10-20 años del diagnóstico de metaplasia intestinal, tan sólo un 10% de los pacientes desarrollarán un adenocarcinoma de estómago. Existe una coexistencia frecuente entre metaplasia intestinal, particularmente la de tipo III con el carcinoma gástrico, especialmente el de tipo glandular (Correa-Coello-Duque 1999).

La metaplasia intestinal fue dividida en tres grupos: el tipo I ó completo que tiene dos grupos: el tipo IA de mucosa intestinal delgada y el tipo IB de tipo mucosa colónica; tipo II ó incompleta que a su vez se subdivide en dos grupos; el tipo IIA (mucoproteìnas-mucosa gástrica) y el tipo IIB (sialomucina-mucosa intestinal delgada); y el tipo III también incompleta (sulfomucina-mucosa colónica). La metaplasia extensa tiene una mayor riesgo de malignización y puede ser reversible, como se ha observado tras la erradicación del H. pylori (Correa-Coello-Duque 1999).

2.7 NITRATOS Y NITRITOS

La dieta además de aportarnos NA preformadas puede ser la vía de entrada de nitratos y nitritos que son sustratos para la formación endógena de NA. Los vegetales aportan aproximadamente el 80% de la ingesta diaria de nitratos, encontrándose la mayor concentración en la remolacha, el apio, el rábano, la acelga y la espinaca (Walters, 1992).

Aunque existe variabilidad dependiendo del tipo de fertilizantes usados en su cultivo. El agua de consumo de pozo puede ser una fuente importante dependiendo del contenido de nitratos en el suelo. En algunos países se ha estimado que el 10% de la ingesta de nitratos provenía del agua (Sugimura, 2000).

Los nitritos tienen dos fuentes principales: un 40% proviene de vegetales frescos o conservados, y el resto de la carne curada y preservada y de los cereales (Cornee-Lairon-Velema, 1992). Los nitritos tienen propiedades bactericidas y el nitrito sódico se usa como conservante en la prevención del botulismo, especialmente durante el proceso de curado de la carne (Walters, 1992). En algunos países la ingesta promedio se ha estimado en 1,9 mg por persona y día (Cornee-Lairon-Velema, 1992).

Hasta el momento no hay estudios en que estimen el nivel de exposición dietética poblacional. El nitrato (NO_3 -) es reducido a nitrito (NO_2^-) por las bacterias de la saliva y también en el estómago (Ralt- Tannenbaum, 1981). Aproximadamente un 25 % del nitrato ingerido recircula en la saliva, y un 20 % del mismo es convertido en nitrito. Del nitrito que llega al estómago, 20% proviene de los alimentos, mientras que el 80 % proviene de la reducción del nitrato en la saliva (Suzuki-Iljima, 2003).

La formación de nitritos a partir de nitratos se realiza en el estómago y se incrementa cuando aumenta el pH, lo que ocurre como consecuencia de la infección crónica por *Helicobacter pylori*. Bajo circunstancias específicas, como la gastritis crónica, los nitritos pueden oxidarse en el estómago a agentes nitrosantes (N_2O_3, N_2O_4) y reaccionar con aminas secundarias para formar N-nitrosocompuestos. La formación Introducción endógena representa entre un 45 % y un 75% de la exposición total de NOC (Suzuki-Iljima, 2003).

El ácido ascórbico (AA) es una vitamina hidrosoluble y un potente agente reductor. El AA es secretado dentro de jugo gástrico y tiene un importante rol previniendo la nitrosación. Esto lo hace por competencia con las aminas secundarias mediante la acidificación del nitrito. En esta reacción el nitrito acidificado es reducido a ON (óxido nítrico) y el AA es oxidado a ácido dehidroascórbico. Existen dos mecanismos que involucran al ON y al AA en la nitrosación (Suzuki-Iljima, 2003).

El primero involucra la producción de concentraciones altas de ON en la luz que proviene de la reacción entre el nitrito de la saliva y el AA del jugo gástrico. Este ON difunde dentro del epitelio y las células formando especies nitrosantes las cuales pueden dañar directamente el DNA (Wink-Fellisch, 1999). El segundo mecanismo comprende la generación de especies nitrosantes dentro del lumen debido a la acidificación del nitrito por una baja concentración de AA (Suzuki-Iljima, 2003).

Estas especies nitrosantes reaccionan con compuestos nitrogenados para formar NOC. El primer mecanismo es promovido por la presencia de AA, mientras que el segundo por su ausencia. Todo depende de las condiciones del medio presente en ese momento. Por ello las modificaciones del pH que se dan en los procesos inflamatorios pueden influir para que un mecanismo prevalezca sobre el otro. Ambos mecanismos pueden operar en el mismo sitio pero no simultáneamente (Suzuki-Iljima, 2003).

También se dice que la dieta puede introducir nitritos y compuestos N-nitrosos que pueden producir hipoaclorhidria debido a la atrofia de células parietales con el consiguiente sobrecrecimiento bacteriano que sumado a la metaplasia aumentan el riesgo de cáncer gástrico (Suzuki-Iljima, 2003).

La detección de altos niveles de nitritos saliveres deglutida es rápidamente convertida en óxido nítrico y en reacción química catalizada por ácidos y que se lleva a cabo en la unión gastroesofágica conllevando a inflamación, metaplasia y subsecuentemente a neoplasia (Lijima- Shimosegawa, 2006)

Factores dietéticos y ambientales

Existe una gran relación entre la incidencia de cáncer gástrico y una dieta con elevado consumo de sal y pobre en frutas frescas y verduras, poco aporte de vitaminas A, C y E y micronutrientes (selenio), así como métodos de preservación con posible efecto cancerígeno, como los ahumados, salazones y encurtidos (Correa-Coello-Duque, 1999).

También se ha relacionado el cáncer gástrico con la concentración de nitritos en la dieta y en el agua de consumo. Las bacterias presentes en la boca y estómago reducirían los nitritos a nitratos que pudieran dar lugar a la formación de nitrosamidas y nitrosaminas, de conocido efecto mutagénico y oncogénico. La hipoacidez gástrica, el déficit de vitaminas C y E y la contaminación bacteriana de los alimentos de baja calidad consumidos por las capas más pobres de la población actuarían favoreciendo este mecanismo (Correa-Coello-Duque, 1999).

El peligro del nitrato, una sustancia que en sí misma no es tóxica, reside en su transformación química en nitrito, hecho que sucede, en parte, durante el metabolismo humano. Este nitrito puede reaccionar en medio ácido del estómago con las aminas, sustancias obtenidas por el metabolismo de los alimentos proteicos (carnes, pescados, huevos, leche y derivados de estos alimentos) originando nitrosaminas, las cuales son agentes cancerígenos (Correa-Coello-Duque, 1999).

El pH ácido del estómago favorece la formación de las N-nitrosaminas a partir de nitritos y aminas secundarias pues se ha observado que los nitritos en presencia de las condiciones ácidas del estómago, llevan a cabo una nitrosación. También algunas bacterias son productoras de enzimas nitratoreductasas, capaces de reducir cantidades considerables de nitrato en N-nitrosaminas (Correa-Coello-Duque, 1999).

Dicha catálisis bacteriana puede ser provocada por bacterias desnitrificantes como la *Pseudomonas aeruginosa*, *Neisseria* y no desnitrificantes como *Escherichia coli* capaces de incrementar la biosíntesis de compuestos N-nitroso en el estómago (Correa-Coello-Duque, 1999).

Otros factores ambientales como el consumo de alcohol y tabaco no están bien relacionados con el desarrollo de cáncer gástrico. Tampoco se ha demostrado la aparición de adenocarcinoma de estómago tras la administración prolongada de medicación antisecretora como antagonistas-H2 o de inhibidores de la bomba de protones (Correa-Coello-Duque, 1999).

El ácido ascórbico puede bloquear esta reacción de nitrosación. En relación a esta acción del ácido ascórbico, se ha observado una disminución del nivel de ácido ascórbico en el jugo gástrico, en la gastritis crónica con pH elevado e infección por Helicobacter pylori (Correa-Coello-Duque, 1999).

Así mismo, pacientes con metaplasia intestinal tienen niveles bajos séricos de ácido ascórbico comparados con pacientes sanos. De otro lado se ha observado que la ingesta de ácido ascórbico se asocia con la disminución de riesgo de cáncer gástrico (Correa-Coello-Duque, 1999).

El nivel de exposición individual a las nitrosaminas (NA) depende de la dieta, el estilo de vida y ocupación de un individuo. La exposición puede darse por vía exógena, a través de la ingesta de NA preformadas que están presentes en los alimentos, el consumo de tabaco y/o la exposición laboral o por vía endógena, donde las NA son sintetizadas en el cuerpo a partir de precursores provenientes de la dieta (Han-Peura, 2008).

2.8 INTRODUCCIÓN A LA ENDOSCOPIA DIGESTIVA ALTA

La endoscopia digestiva como método de diagnóstico y tratamiento de las enfermedades digestivas ha existido durante los últimos ciento veinte años. Aunque los primeros endoscopios se describieron en 1868, la nueva era de la endoscopia digestiva surgió en 1957 con la aparición de los endoscopios de fibra óptica (L-Abreu, 2006).

Este avance tecnológico ha significado una revolución positiva en el manejo de los pacientes con enfermedades digestivas. En poco más de cuarenta años, la endoscopia se ha ido desarrollando de tal manera que ha habido que revisar los tratados de medicina para actualizar el diagnóstico y tratamiento de muchas enfermedades (L-Abreu, 2006).

2.8.1 ANATOMÍA ENDOSCÓPICA DEL ESTÓMAGO

La orientación endoscópica en el estómago es la siguiente: La curvatura menor está situada a las 12 horas; la curvatura mayor a las 6 horas; la pared anterior, a las 9 horas, y la pared posterior a las 3 horas. Se describen a continuación las regiones de la cavidad gástrica (Naylor-Axon, 2003).

a) **Fundus.** Es la zona localizada por encima de una línea trazada transversalmente al cardias; se explora con el endoscopia en retroflexión, apareciendo como una zona en continuidad con el cardias y anterior a él, de morfología abombada y mucosa plana sin pliegues (L-Abreu, 2006).

El patrón vascular submucoso se visualiza claramente sin que ello implique atrofia mucosa (al contrario que en cuerpo gástrico), estando compuesta por capilares e incluso por venas fúndicas que son rectas y poco prominentes (lo que las diferencias de las varices fúndicas de la hipertensión portal), (L-Abreu, 2006).

En la porción más distal del fundus en su unión con la curvatura mayor se acumulan las secreciones gástricas dando lugar a la denominada cascada gástrica o lago mucoso. La presencia de bilis en la cascada gástrica es constante en estómagos operados y es muy frecuente en pacientes colecistectomizados, pero en el resto de los casos es de significado clínico inespecífico (L-Abreu, 2006).

b) **Cuerpo gástrico.** Ésta limitando por el fundus en la parte proximal y por una línea trazada transversalmente a través de la incisura angulares en su parte distal. Este límite inferior suele corresponder donde cambia la mucosa rugosa a mucosa plana. La característica principal del cuerpo gástrico es la presencia de pliegues gástricos, más prominentes en la curvatura mayor que en la menor (L-Abreu, 2006).

c) **Incisura angular.** Ésta situada en la curvatura menor y separada el cuerpo gástrico del antro. Se visualiza de forma óptima en retroflexión y aparece como un pliegue simétrico irregular de 5 a 10 mm de superficie lisa. Es importante su correcta valoración ya que es asiento frecuente de patología úlcera (L-Abreu, 2006).

d) **Antro.** Presenta una variedad morfológica importante. El antro puede ser corto (<3 cm) o largo (>10cm), puede tener un eje paralelo al del cuerpo gástrico o desviarse anterior o posteriormente a demás en un 10 % de los pacientes pueden observarse pliegues antrales prominentes que son inespecíficos en sí (L-Abreu, 2006).

2.8.2 PRINCIPALES CAUSAS PARA LA REALIZACIÓN DE UNA ENDOSCOPIA DIGESTIVA ALTA

DISPEPSIAS

Es un síntoma muy frecuente, que constituye el motivo principal de petición de una endoscopia oral. Debido a que con este término se producían distintas interpretaciones y a fin de evitar confusión, en 1997 se definió en Maastricht, como dolor o molestia localizada en el abdomen superior incluyendo en el mismo las náuseas y vómito, la saciedad precoz, las regurgitaciones o la hinchazón epigástrica, pero no la pirosis o la disfagia (García-Conde-Merino, 1995).

La prevalencia de los síntomas dispépticos en la población general varía entre el 14 % y el 41 %, con grandes variaciones geográficas (García-Conde-Merino, 1995).

ENFERMEDAD POR REFLUJO GASTROESOFÁGICO (ERGE)

Consiste en la existencia de alteraciones histológicas esofágicas en pacientes con síntomas de reflujo. El principal síntoma del reflujo gastroesofágico es la pirosis o sensación de ardor retroesternal, que se presenta al menos una vez al mes en el 40 % de la población en general. La prevalencia de esofagitis en estos pacientes se ha estimado en un 3-7 % con una incidencia de 120/100.000 hab/año (García-Conde-Merino, 1995).

ESÓFAGO DE BARRET

Consiste en una sustitución del epitelio escamoso del esófago distal a lo largo de 3 o más centímetros por epitelio columnar metaplásico, como consecuencia de un reflujo gastroesofágico de larga evolución. Estos pacientes tienen un riesgo superior a la población general de desarrollar un adenocarcinoma de esófago (García-Conde-Merino, 1995).

DOLOR TORÁCICO ATÍPICO

Se define como la existencia de dolor a nivel torácico sin que se evidencie afectación coronaria. El mecanismo exacto del dolor no se conoce, pero se ha postulado que se estimularían los quimio, termo o mecanorreceptores por acción del ácido o la pepsina, la distensión o la temperatura, respectivamente.
Las principales causas del dolor son el reflujo gastroesofágico y los trastornos de la motilidad, pero es importante resaltar que una endoscopia normal no descarta una causa esofágica del dolor torácico (García-Conde-Merino, 1995).

DISFAGIA Y ODINOFAGIA

La disfagia consiste en la dificultad o el retraso al tragar, distinguiéndose dos formas; la disfagia orofaringea, que denota dificultad para transferir el bolo desde la orofaringe a la región superior del esófago y que normalmente se debe a una causa neurológica, y la disfagia esofágica secundaria a trastornos en el cuerpo esofágico. La odinofagia o dolor al tragar sugiere inflamación de la mucosa o espasmo, siendo sus principales causas: la ingesta de cáusticos, la esofagitis de cualquier causa y las infecciones (cándida, herpes o citomegalovirus), (García-Conde-Merino, 1995).

HEMORRAGIA DIGESTIVA ALTA

La hemorragia digestiva alta (HDA), manifestada por hematemesis, melenas o hematoquecia, es un problema muy común. La principal causa es la úlcera péptica seguida por las varices esofágicas y las neoplasias L-Abreu, 2006).

Los signos clínicos de los pacientes con enfermedad intestinal inflamatoria varían de acuerdo con la severidad y localización de la infiltración celular. Los pacientes en que se afecta la mucosa del intestino delgado y gástrica general mente presentan vómito crónico, pérdida de peso y diarrea, mientras que a los que le afecta la mucosa del intestino grueso pueden presentar tenesmo crónico, defecación frecuente, hematoquecia y moco en heces (Rojo, 2003).

DEFINICIÓN DE PALABRAS CLAVE

ACLORHÍDRIA. Falta de ácido clorhídrico en las secreciones gástricas.

ATROFIA. Es la disminución del tamaño celular por pérdida de la sustancia celular

ENDOSCOPÍA. Es una técnica diagnóstica y terapéutica , utilizada sobre todo en medicina, que consiste en la introducción de una cámara o lente dentro de un tubo o endoscopio a través de un orificio natural, una incisión quirúrgica, una lesión para la visualización de un órgano hueco.

ENDOSCOPÍA DIGESTIVA ALTA DIAGNÓSTICA O TERAPÉUTICA. Visualiza el esófago, estómago y duodeno. Detecta cánceres de esas regiones, es el estudio de elección en los sangrados digestivos altos , entre otras utilidades.

METAPLASIA. Es un cambio reversible en el cual una célula de tipo adulto (epitelial o mesenquimatosa) es sustituida por otra célula de tipo adulto.

3.- MATERIALES Y MÉTODOS

3.1. MATERIALES

3.1.1. LUGAR DE LA INVESTIGACIÓN

El estudio se realizó en el **Hospital Oncológico SOLCA CHIMBORAZO** de la Ciudad de Riobamba.

3.1.2. PERIODO DE LA INVESTIGACIÓN

El período de la investigación fue desde septiembre del 2012 a enero de 2013.

3.1.3. RECURSOS EMPLEADOS

3.1.3.1. Recursos Humanos

- El investigador.
- Tutor
- Médico especialista en Gastroenterología.
- Auxiliar de enfermería
- Médico especialista en Anatomía - patológica

3.1.3.2. Recursos Físicos.

- Alcohol potable
- Bolígrafos.
- Coloración Técnica H-E
- Computadora Portátil
- Cuchillas descartables (Marca *Leyca*)
- Dormicum – Midazolam (Sedación del paciente)

- Entellan (Resina para montaje de placas)
- Eosina
- Etanol absoluto
- Formol buferado al 10%
- Gelatina p.a
- Grapadora.
- Guantes
- Hematoxilina
- Impresora.
- Laboratorio Patología Solca Riobamba.
- Mascarillas
- Papel filtro
- Placas cubre objeto 24x40mm
- Placas porta objeto
- Resma de papel bond.
- Tinta para la impresora.
- Tirillas nitritos (COMBUR TEST)
- Tirillas pH
- Vasos de precipitación de 250 mL
- Xileno

3.1.3.3 Equipos

- Archivadores para bloques de parafina y portaobjetos
- Baño de flotación
- Baño María
- Cubetas de coloración
- Dispensador de parafina
- Estufa
- Gastroscopio

- Microscopio
- Micrótomo
- Nevera, freezer
- Planchas de calentamiento
- Procesador de tejidos

3.1.4. UNIVERSO

El universo estuvo constituido por todos los pacientes que ingresaron al área de gastroenterología del **Hospital SOLCA RIOBAMBA** durante el periodo de investigación septiembre 2012- enero 2013. (105 pacientes).

3.1.5. MUESTRA

La muestra estuvo constituida por todos los pacientes que presentan hipoaclorhidria y nitritos en la mucosa gástrica (36 pacientes).

3.2. MÉTODOS

3.2.1. TIPO DE INVESTIGACIÓN

- Descriptiva
- Experimental

3.2.2. DISEÑO DE INVESTIGACIÓN

El diseño de la investigación fue no experimental.

Protocolo de toma de la muestra

- El paciente debe estar en ayunas mínimo 8 horas previo al examen.

- La auxiliar de enfermería se encarga de tomar los signos vitales (presión arterial, temperatura, pulso).

- El médico solicita se le coloque al paciente la dosis recomendada de dormicum (midazolam) para una seudoanalgesia.

- Una vez sedado el paciente el médico introduce el gastroscopio, valora esófago, laringe, llega al estómago (cucrpo, fondo).

- Aquí por la introducción del gastroscopio, el paciente empieza a eliminar reflujo y se toma la muestra en un recipiente estéril para detectar la presencia de nitritos y valorar el pH.

- Después de ésto el médico toma muestra de la lesión (biopsia), parte más representativa.

- La biopsia es fijada en formol buferado (24 horas) y luego entra a la batería de procesamiento.

- Finalizado esto, a la biopsia se la prepara (corte histológico) se la colorea y la placa esta lista para el diagnóstico del Anatomo- patólogo.

- Los resultados fueron registrados en una hoja de producción diaria para poder llevar un control mensual e ir creando una base datos (anexo 1).

- A los pacientes positivos de aclorhidria y nitritos se les hizo el seguimiento con el estudio histopatológico de la biopsia y se correlacionaron los resultados para su respectiva tabulación.

4. RESULTADOS Y DISCUSIÓN

PORCENTAJE DE PACIENTES CLASIFICADOS POR SEXO QUE SE REALIZARON ENDOSCOPIA DIGESTIVA ALTA. SOLCA CHIMBORAZO. SEPTIEMBRE 2012 - ENERO 2013.

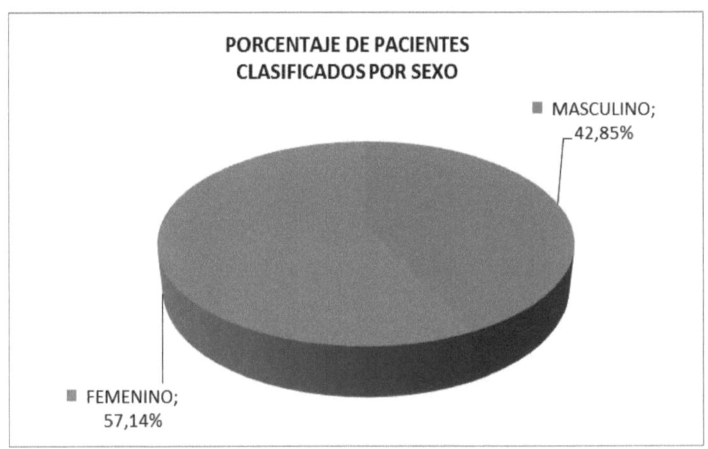

Gráfico No. 1.-   **Pacientes clasificados por sexo que se realizaron endoscopía digestiva alta. Solca-Chimborazo entre septiembre 2012 a enero 2013.**

De un total de 105 pacientes atendidos durante este estudio 60 correspondieron al sexo femenino con un total del 57.14 %, y 45 al sexo masculino con un 42,85 %, todos ellos presentaron molestias en el aparato digestivo.

PORCENTAJE DE PACIENTES POR INTERVALOS DE EDAD QUE SE REALIZARON ENDOSCOPIA DIGESTIVA ALTA. SOLCA CHIMBORAZO. SEPTIEMBRE 2012 - ENERO 2013.

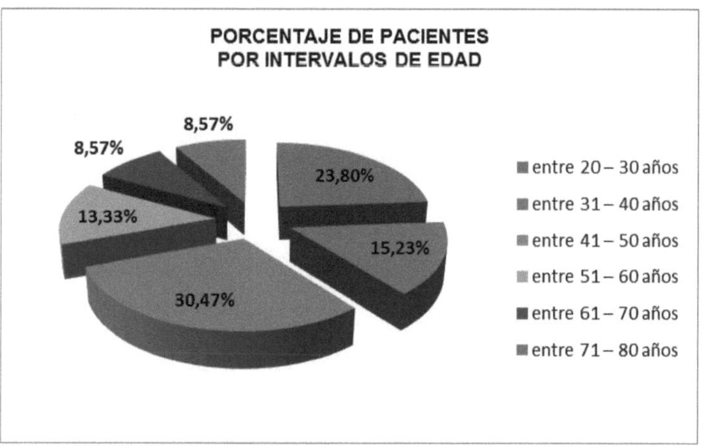

Gráfico No. 2.-   **Pacientes clasificados por Intervalos de edad que se realizaron endoscopía digestiva alta. Solca-Chimborazo entre septiembre 2012 a enero 2013.**

De la mayoría de pacientes analizados en este estudio se destaca el grupo que oscila entre 41 a 50 años con un total de 30,47 %, luego el grupo entre 20 a 30 años con un total del 15,23 %, y el de menor incidencia entre 61 a 80 años con el 8.57 % por lo que se puede decir que en cualquier grupo de edad las lesiones con molestias gástricas son presentes, lo que se tendría que determinar es el factor preponderante sobre las causas de éstas. En fases más tempranas, las lesiones gástricas se asocian con escasos síntomas sistémicos por lo que es lo más loable por cualquier mínima molestia acudir al médico de cabecera. También se describe con respecto a la literatura revisada las molestias gástricas severas así como la neoplasia gástrica, es más frecuente en hombres a partir de los 50 y se incrementa con la edad.

PORCENTAJE DE PACIENTES CLASIFICADOS POR NIVEL EDUCATIVO QUE SE REALIZARON ENDOSCOPIA DIGESTIVA ALTA. SOLCA CHIMBORAZO. SEPTIEMBRE 2012 - ENERO 2013.

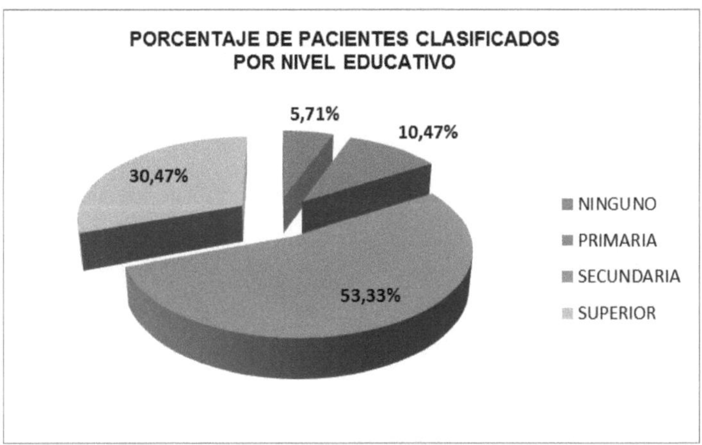

Gráfico No. 3.- Pacientes clasificados por nivel educativo que se realizaron endoscopía digestiva alta. Solca-Chimborazo entre septiembre 2012 a enero 2013.

Este cuadro nos indica que la mayor parte de los pacientes que se realizaron la endoscopia digestiva alta corresponden al grupo cuya educación es la secundaria con un 53,33 %, seguida por la superior con el 30,47 % estableciendo también una correlación existente con problemas gástricos. Según los niveles de estrés y la vida agitada pueden llevar, también hay que considerar los factores socioeconómicos, ya que se acepta que las lesiones premalignas y malignas son más frecuentes en personas de menor nivel socioeconómico.

PORCENTAJE DE PACIENTES CLASIFICADOS POR LUGAR DE PROCEDENCIA QUE SE REALIZARON ENDOSCOPIA DIGESTIVA ALTA. SOLCA CHIMBORAZO. SEPTIEMBRE 2012 - ENERO 2013.

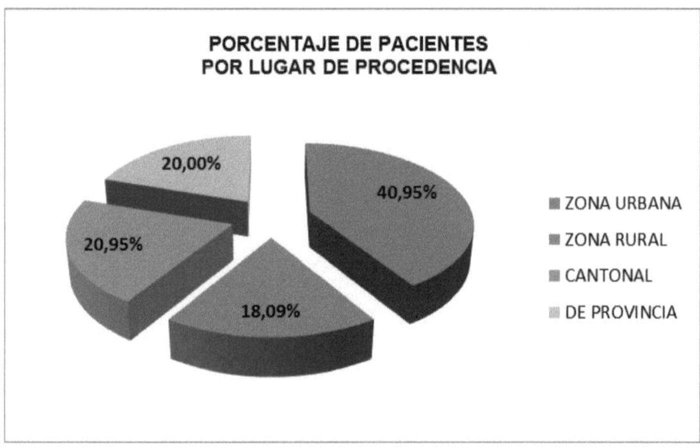

Gráfico No. 4.-   **Pacientes clasificados por lugar de procedencia que se realizaron endoscopía digestiva alta. Solca-Chimborazo entre septiembre 2012 a enero 2013.**

Es evidente que estas diferencias territoriales no solo atribuyen a razones relacionadas con la calidad del diagnóstico y el proceso aplicado por cada profesional, sino que están influenciadas por una serie de factores de riesgo que difieren en las diversas poblaciones de nuestro país. Los pacientes de la zona urbana con un 40,95 %, junto con la cantonal con un 20.95 %, están casi con las mismas condiciones de molestias gastrointestinales.

PORCENTAJE DE PACIENTES CLASIFICADOS POR TRABAJO QUE DESEMPEÑA QUE SE REALIZARON ENDOSCOPIA DIGESTIVA ALTA. SOLCA CHIMBORAZO. SEPTIEMBRE 2012 - ENERO 2013.

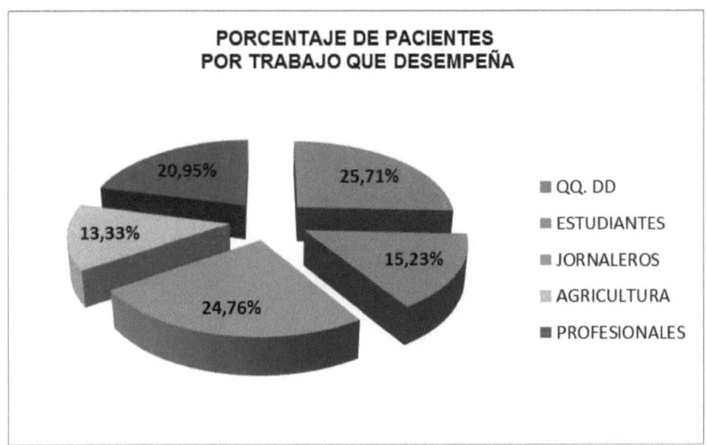

Gráfico No. 5.-   Pacientes clasificados por trabajo que desempeñan que realizaron endoscopía digestiva alta. Solca-Chimborazo entre septiembre 2012 a enero 2013.

Se ha demostrado que el estrés laboral influye en el reflujo biliar, lo cual se observa en este gráfico, pues el 59,04 % del total son trabajadores, con respecto al 25.71 % de pacientes que se dedican a quehaceres domésticos y un 25,71 % de estudiantes. Por tanto el componente laboral influye en la aparición de enfermedades gástricas.

PORCENTAJE DE PACIENTES QUE TUVIERON NITRITOS POSITIVOS DETERMINADO EN JUGO GÁSTRICO. EXAMEN DE ENDOSCOPIA DIGESTIVA ALTA. SOLCA CHIMBORAZO. SEPTIEMBRE 2012 - ENERO 2013.

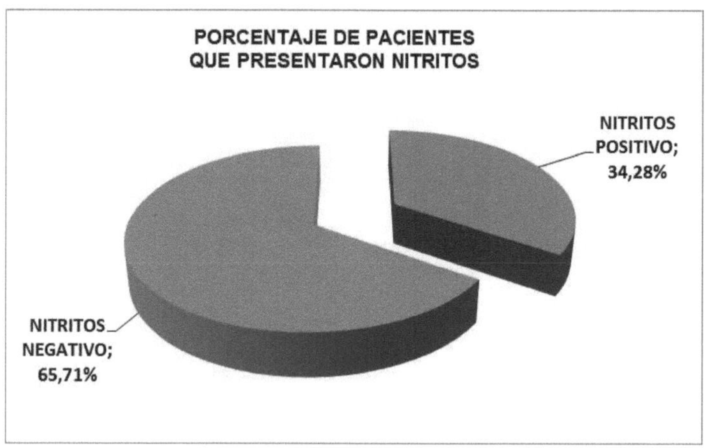

Gráfico No. 6.- Pacientes que mostraron la presencia de nitritos en jugo gástrico que realizaron endoscopía digestiva alta. Solca-Chimborazo entre septiembre 2012 a enero 2013.

En este gráfico se observa la presencia de nitritos en 36 de los pacientes para un 34,28 % del total con respecto al 65,71 % de pacientes que la acidez gástrica resultó normal. Es interesante este resultado y por tanto se debe investigar la causa de la existencia de estas sustancias, sin embargo, los intentos para identificar los elementos de la dieta relacionados con la enfermedad y los estudios de intervención realizados con dichos elementos han sido escasamente fructíferos. Esto no es de extrañar por dos motivos: 1) lo difícil y complejo que resulta medir la composición exacta de dichos elementos, ya que en un mismo alimento pueden sumarse productos con efectos contrapuestos; 2) la dieta es un factor ambiental más que hay que valorar en el entorno del paciente y en el contexto de una susceptibilidad genética, lo requeriría una estimación más particularizada de su impacto sobre las lesiones del aparato digestivo.

PORCENTAJE DE PACIENTES QUE TUVIERON HIPOACLORHIDRIA O ACLORHIDRIA DETERMINADO EN JUGO GÁSTRICO. EXAMEN DE ENDOSCOPIA DIGESTIVA ALTA. SOLCA CHIMBORAZO. SEPTIEMBRE 2012 - ENERO 2013.

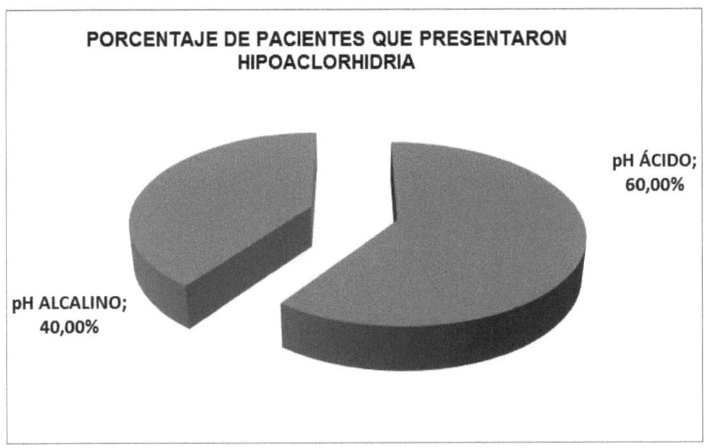

Gráfico No. 7.   Pacientes que mostraron hipoaclorhidria en jugo gástrico que realizaron endoscopía digestiva alta. Solca-Chimborazo entre septiembre 2012 a enero 2013.

En este gráfico se aprecia que de los pacientes atendidos en el departamento de endoscopia durante el tiempo de estudio, el 60 % presentaron un pH bajo lo cual resulta normal, sin embargo en el 40 %, se obtuvo un pH alcalino, lo cual indica que estos pacientes padecen de aclorhidria. Es conocido que la presencia de reflujo, *Helicobacter pylori* o de ambos en el estómago provoca un proceso inflamatorio en la mucosa gástrica que evoluciona en varias etapas, lo cual depende de las características del reflujo, de la densidad y la patogenicidad de la bacteria. Es por esto que algunos autores señalan que el daño histológico observado en las muestras de biopsia en pacientes con reflujo gástrico con o sin presencia de *Helicobacter pylori* puede presentar características diferentes.

PORCENTAJE DE PACIENTES CLASIFICADOS POR SEXO QUE TUVIERON PATOLOGÍAS RELACIONADAS CON pH - NITRITOS. EXAMEN DE ENDOSCOPIA DIGESTIVA ALTA. SOLCA CHIMBORAZO. SEPTIEMBRE 2012 - ENERO 2013.

Gráfico No. 8.   Pacientes que mostraron relación pH-nitritos que realizaron endoscopía digestiva alta. Solca-Chimborazo entre septiembre 2012 a enero 2013.

En este gráfico se puede observar que la relación pH-nitritos la diferencia entre ambos sexos no es tan marcada; el masculino con un 55,55 % y del sexo femenino con el 44,44 % de esta relación como se dijo anteriormente implicando ciertos factores externos de malos hábitos de salud pueden hacer desaparecer la acidez estomacal.

NÚMERO DE PACIENTES CLASIFICADOS POR SEXO QUE TUVIERON METAPLASIA INTESTINAL COMPLETA E INCOMPLETA DIAGNOSTICADAS EN BIOPSIAS TOMADAS EN EXAMEN DE ENDOSCOPIA DIGESTIVA ALTA. SOLCA CHIMBORAZO. SEPTIEMBRE 2012 - ENERO 2013.

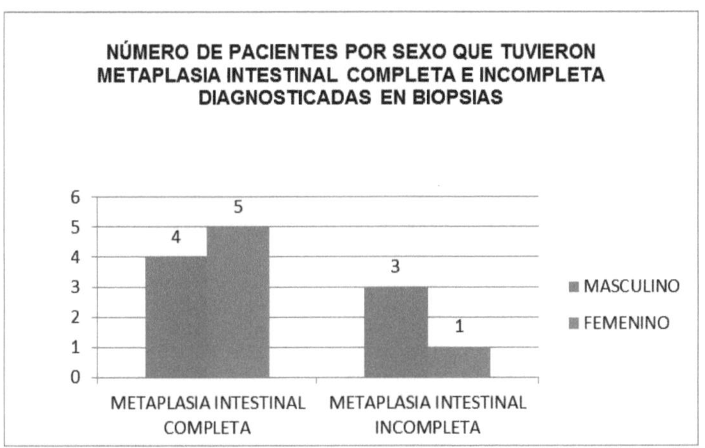

Gráfico No. 9 Pacientes clasificados por sexo que tuvieron metaplasia intestinal completa e incompleta diagnosticadas en biopsia que se realizaron endoscopía digestiva alta. Solca-Chimborazo entre septiembre 2012 a enero 2013.

En el período estudiado de los 36 pacientes evaluados, a 13 pacientes se les diagnosticó histológicamente metaplasia intestinal según la clasificación completa e incompleta, en estas patologías no se indica si son focales o difusas. La metaplasia intestinal se observó con mayor frecuencia en el antro gástrico, coincidiendo con una mayor proporción de positividad de los nitritos. En estos pacientes no parece que haya asociación entre la presencia de *Helicobacter pylori* y los grados intensos de metaplasia intestinal, en diferentes estudios realizados nos dice que la presencia de metaplasia intestinal con o sin H. pylori tienen 6.5 veces más riesgo de desarrollar cáncer gástrico. Existen datos que sugieren que las lesiones gástricas y la metaplasia surge de diferentes linajes de células, de tal manera que la metaplasia puede ser una lesión precursora, sino más bien un marcador de mayor riesgo.

NÚMERO DE PACIENTES CLASIFICADOS POR SEXO QUE TUVIERON FIBROSIS Y DISMINUCIÓN DE GRUPOS GLANDULARES DIAGNOSTICADAS EN BIOPSIAS TOMADAS EN EXAMEN DE ENDOSCOPIA DIGESTIVA ALTA. SOLCA CHIMBORAZO. SEPTIEMBRE 2012 - ENERO 2013.

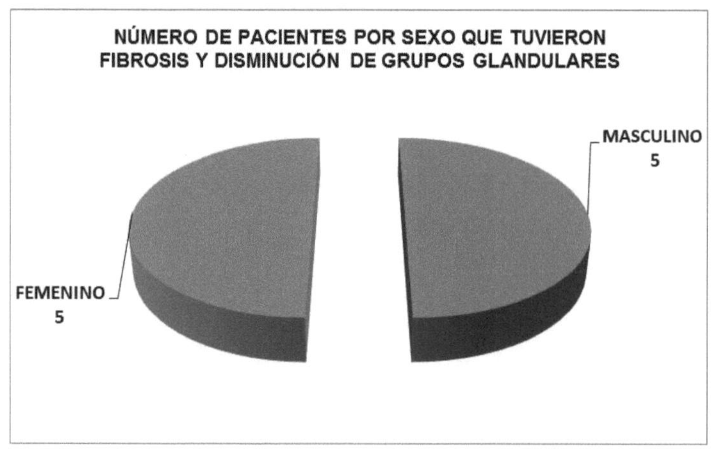

Gráfico No. 10 Pacientes que tuvieron fibrosis y disminución de grupos glandulares diagnosticadas en biopsia que se realizaron endoscopía digestiva alta. Solca-Chimborazo entre septiembre 2012 a enero 2013.

El infiltrado inflamatorio agudo y crónico, así como el severo está asociado a la disminución de las glándulas del epitelio. Se puede decir que es la causa de la presencia de estas patologías. En este gráfico se observa que del total de 36 muestras analizadas, 10 pacientes, es decir la cuarta parte presentan fibrosis y disminución de grupos glandulares. Ciertos factores de riesgo son comunes a otras formas de lesiones, por lo que, pese a la falta de evidencia directa sobre el efecto que pudiera tener sobre la incidencia de la presencia de otras sustancias en la mucosa gástrica, se debe limitar la exposición a ellos, fomentando una dieta saludable, aumentar el consumo de frutas y verduras, disminuir las grasas y la sal o los alimentos preservados en ella, practicar actividad física y no fumar.

NÚMERO DE PACIENTES CLASIFICADOS POR SEXO QUE TUVIERON METAPLASIA INTESTINAL CON FIBROSIS Y DISMINUCIÓN DE GRUPOS GLANDULARES DIAGNOSTICADAS EN BIOPSIAS TOMADAS EN EXAMEN DE ENDOSCOPIA DIGESTIVA ALTA. SOLCA CHIMBORAZO. SEPTIEMBRE 2012 - ENERO 2013.

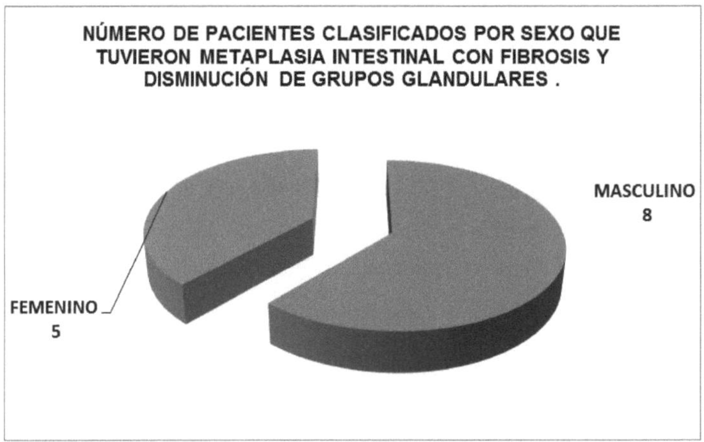

Gráfico No. 11.-Pacientes que presentaron el cuadro de metaplasia intestinal con fibrosis y disminución de grupos glandulares diagnosticadas en biopsia que se realizaron endoscopía digestiva alta. Solca-Chimborazo entre septiembre 2012 a enero 2013.

Los estudios efectuados de concordancia entre la clínica del paciente, el diagnóstico endoscópico y la confirmación histopatológica han demostrado que se pudo diagnosticar una lesión gástrica (atrofia – metaplasia), incluso a partir de los síntomas, en este gráfico demuestra la lesión abarca a hombres en mayor proporción, 8 pacientes con respecto a 5 mujeres, por lo que se puede asociar a más de presentar una disminución en la acidez se puede también correlacionar con otros factores externos como el consumo de tabaco, alcohol etc, lo cual suman a una irritación severa al tubo digestivo.

5. CONCLUSIONES Y RECOMENDACIONES

5.1 CONCLUSIONES

- De un total de 105 pacientes analizados a los cuales se les realizó endoscopía digestiva alta, el 100% presentó signos clínicos de afección gastrointestinal, entre ellos dolor abdominal, náuseas, vómitos, molestias al digerir alimentos, dolores estomacales intermitentes y reflujo. Es importante destacar que hubo pacientes que ppresentaron más de un signo clínico.

- Según los resultados obtenidos se observó la presencia de nitritos en 36 de los pacientes para un 34,28 % del total, además que 42 pacientes presentaron aclorhidria para un 40 %.

- Se encontró que 36 pacientes del total, tuvieron patologías relacionadas con pH-nitritos, de ellos el 55,55 % correspondieron al sexo masculino y el 44,44 % al femenino.

- En el período estudiado de los 36 pacientes evaluados, a 13 se les diagnosticó histológicamente metaplasia intestinal según la clasificación completa e incompleta, la cual se observó con mayor frecuencia en el antro gástrico, coincidiendo con una mayor proporción de positividad de los nitritos. Además 10 pacientes, presentaron fibrosis y disminución de grupos glandulares.

- Se logró determinar a los pacientes según sexo, edad, profesión y lugar de residencia que existió relación entre los hallazgos macroscópicos y el resultado histopatológico, y la utilidad del procedimiento endoscópico. Además que las enfermedades gástricas pueden presentarse en cualquier edad y sexo.

- La elevación del pH en el jugo gástrico debido a la desaparición de las células parietales fue uno de los principales factores de riesgo responsables del desarrollo de metaplasia intestinal y más aún con la presencia de nitritos y la aclorhidria.

5.2 RECOMENDACIONES

- Todo paciente para realizarse una endoscopia digestiva (alta, baja o ambas) este debe caer dentro de la categoría de enfermo gastrointestinal, a los cuales deben postularse un plan diagnóstico que debe incluir: anamnesis completa, examen clínico, examen de sangre completo, perfil bioquímico, urianálisis, coproparasitario, para poder descartar enfermedades que como signos secundarios presenten afecciones gastrointestinales como por ejemplo enfermedades parasitarias, infecciosas, hepáticas, renales y otras.

- Se debe recomendar y tener en cuenta que la endoscopía digestiva no sólo es diagnóstica, si no que puede llegar a ser terapéutica como en los casos de cuerpo extraño donde, dependiendo del tamaño y lugar donde se encuentre, puede ser removido sin necesidad de someter al paciente a un procedimiento quirúrgico.

- La información y la educación al paciente constituye básicamente un proceso de relación y es, por tanto, un proceso verbal, en el cual se produce una continua interacción e intercambio de información entre el profesional sanitario y el paciente. Podría decirse también que el criterio de información que se debe aplicar en la relación clínica es siempre subjetivo. A cada paciente hay que proporcionarle toda la información que, atendidas sus circunstancias personales necesite para tomar una decisión.

- La endoscopia es una técnica que logra hacer visible las lesiones y es capaz de dar información morfológica y bioquímica siempre y cuando se tome biopsias de las posibles lesiones que pueda existir.

- Existen evidencias epidemiológicas suficientes como para afirmar que la dieta tiene un importante papel en el desarrollo y prevención de la metaplasia y atrofia gástrica, cáncer gástrico o colorrectal. Además, se han podido identificar patrones o conductas de tipo alimentario que explicarían buena parte de la variabilidad interregional que existe en la incidencia y mortalidad de algunas patologías gástricas y que facilitarían recomendaciones de salud pública, cuya eficacia deberá ser evaluada en el futuro.

6. BIBLIOGRAFÍA

1. CORREA P, COELLO C, DUQUE (1999). CARCINOMA Y METAPLASIA INTESTINAL DEL ESTOMAGO EN MIGRANTES COLOMBIANOS. INSTITUTO DEL CÁNCER; 44:297-306.

2. CORNEE J, LAIRON D, VELEMA J, GUYADER M, BERTHEZENE P (1992). AN ESTIMATE OF NITRATE, NITRITE AND N-NITROSODIMETHLYAMINE CONCENTRATIONS IN FRENCH FOOD PRODUCTS OR FOOD GROUPS.SCIENCES DES ALIMENTS, 12:155-97.

3. CHOTIPRASIDHI P. (2000). EFFECTIVENESS SINGLE DILATATION WITH MALONEY DILATOR VS ENDOSCOPIC RUPTURTE OFF SCHATZKI CAP. 45 PAG 28.

4. DALENBACK J. (1996). MECHANISMS BEHIND CHANGES IN GASTRIC ACID AND BICARBONATE OUTPUTS DURING THE HUMAN INTERDIGESTIVE MOTILITY CYCLE. CAP 270 PAG 113.

5. DE WEERTH A, GOCHT A, SEEWALD S, BRAND B (2002), ET AL. DUODENAL NODULAR LYMPHOID HYPERPLASIA CAUSED BY GIARDIASIS INFECTION IN A PATIENT WHO IS IMMUNODEFICIENT. GASTROINTEST ENDOSC; 55(4):605-607.

6. DRUCKER R. (2005). FISIOLOGIA MÉDICA. MEXICO. EDITORIAL EL MANUAL MODERNO. 3ER ED.

7. DVORKIN, MA (2003). BASES FISIOLOGICAS DE LA PRÁCTICA MÉDICA 13VA EDICION. ESPAÑA. MEDICA PANAMERICANA.

8. FARRERAS-ROZMAN (2000). MEDICINA INTERNA DE. 14AVA EDICIÓN TOMO I, EDITORIAL HARCOURT; PÁG.: 172.

9. GARCÍA – CONDE J.; MERINO J.; GONZALES J (1995). PATOLOGÍA GENERAL SEMIOLOGÍA CLÍNICA Y FISIOPATOLOGÍA. MC GRAW HILL INTERAMERICANA.

10. GARTNER L. P.; HIATT J. L. (1997) HISTOLOGÍA TEXTO Y ATLAS. EDITORIAL MC GRAW-HILL INTERAMERICANA.

11. GUYTON A. (1999). TRATADO DE FISIOLOGIA MEDICA. NOVENA EDICION. EDITORIAL MC GRAW-HILL INTERAMERICANA.

12. GREENBERGER N., BLUMBERG R., BURAKOFF R (2009). CURRENT DIAGNOSIS & TRATMENT. GASTROENTEROLOGY, HEPATOLOGY & ENDOSCOPY. NORTON J., MCGRAW HILL, 2009. PAGS. 64, 184, 185 Y 240.

13. HAN K, PEURA D. (2008). ASSOCIATION BETWEEN HELICOBACTER PYLORI INFECTION AND GASTROINTESTINAL MALIGNANCY.

14. HAWKEY CJ, LANGMAN MJ. (2003). NON STEROIDAL ANTIINFLAMMATORY DRUGS OVERALL RISK AND MANAGEMENT, PAG 608.

15. HIB J. (1999) EMBRIOLOGÍA MÉDICA. SÉPTIMA EDICIÓN. PAG. 268. EDITORIAL MC GRAW-HILL. INTERAMERICANA.

16. INEN 2012. INSTITUTO ECUATORIANO DE ESTADÍSTICA Y CENSO.

17. JM SANZ ANQUELA, BLASCO M. (2005). PATOLOGÍA GÁSTRICA: LESIONES PRECURSORAS DE CÁNCER GÁSTRICO. REVISIÓN. CONFERENCIA VII CONGRESO VIRTUAL HISPANOAMERICANO DE ANATOMÍA PATOLÓGICA. OCTUBRE 2005.

18. L. ABREU. (2006). GASTROENTEROLOGÍA: ENDOSCOPIA DIAGNÓSTICA Y TERAPÉUTICA. 2DA ED. BUENOS AIRES. EDITORIAL MÉDICA PANAMERICANA. PG. XIII.

19. LATARJET M (2005) ANATOMÍA HUMANA TOMO II, 4TA ED. MÉXICO EDITORIAL MÉDICA PANAMERICANA.

20. LESSON T. S.; LESSON C. R. (1980). SEGUNDA EDICIÓN. . HISTOLOGÍA PAG, 206. EDITORIAL MÉDICA PANAMERICANA.

21. LIJIMA K, SHIMOSEGAWA T.(2006). , GASTRIC CARDITIS: IS IT A HISTOLOGICAL RESPONSE TO HIGH CONCENTRATIONS OF LUMINAL NITRIC OXIDE? WORLD J GASTROENTEROL. SEP 28-12 (36):5767-71.

22. NAYLOR G, AXON A., (2003). ROLE OF BACTERIAL OVERGROWTH IN THE STOMACH AS AN ADDITIONAL RISK FACTOR FOR GASTRITIS, CAN J GASTROENTEROL. JUN-17 SUPPL B13, B-17B.

23. ODZE R., GOLDBLUM J., (2009). SURGICAL PATHOLOGY OF THE GI TRACT, LIVER, BILIARY TRACT, AND PANCREAS, SANDERS, ELSEVIER. PAG. 293 Y 294.

24. PÉREZ E. ABDO J. BERNAL F. (2012). GASTROENTEROLOGIA. MÉXICO ED. MC GRAWHILL. PAG. 145.

25. POPE. C. (1993). NORMAL ANATOMY AND DEVELOPMENTAL ANOMALIES. 5TA ED PHIDELPHIA. PÁG 311-318

26. RALT D AND TANNENBAUM SR (1981). THE ROLE OF BACTERIA IN NITROSAMINE FORMATION. IN: NNITROSO COMPOUNDS, R.A. SCANLAN AND S.R. TANNENBAUM (EDS.), ADVANCES IN CHEMISTRY SERIES NO. 174, AMERICAN CHEMICAL SOCIETY: WASHINGTON, DC,;PP. 157-164

27. RAMÍREZ-RAMOS A, GILMAN R (2004). HELICOBACTER PYLORI EN EL PERÚ. LIMA-PERÚ. 2004. EDITORIAL SANTA ANA S.A. 276 PP.).

28. RAMOS N F. (2000). GASTROPATÍAS PRODUCIDAS POR INFLAMATORIOS NO ESTEROIDEOS. MEDICINA UNIVERSITARIA 3(9); EDITORIAL EDAMSA. IMPRESIONES. MEXICO PAG 2.

29. ROJO, J. (2003). NUEVAS TERAPIAS EN EL MANEJO DE LA ENFERMEDAD INTESTINAL INFLAMATORIA CRÓNICA. EDITORIAL MC GRAW HILL INTERAMERICANA.

30. ROUVIERE H. (2001). ANATOMÍA HUMANA. DESCRIPTIVA, TOPOGRÁFICA Y FUNCIONAL. TOMO II. 10MA EDICIÓN. P 316, 348-349. ED. MASSON. PARIS.

31. SUGIMURA, T. (2000). NUTRITION AND DIETARY CARCINOGENS. CARCINOGÉNESIS; 21: 387-195.

32. SUZUKI H, K IIJIMA, A MORIYA, K MCELROY, G SCOBIE, V FYFE AND K E L MCCOLL ARE (2003). MAXIMAL AT THE GASTRIC CARDIA CONDITIONS FOR ACID CATALYSED LUMINAL NITROSATION. PAG;:1095.

33. SCHWARTZ. (2005). PRINCIPIOS DE CIRUGIA GENERAL. VOL II 8VA ED, MEXICO MCGRAW- HILL INTERAMERICANA.

34. SLEISENGER – FORDTRAN (2002). ENFERMEDADES GASTROINTESTINALES Y HEPÁTICAS. 7MA ED. EDITORIAL MÉDICA PANAMERICANA. IMPRESO ARGENTINA. PAG. 542-543; 717 CAP. 36, 757, 760.

35. SPITZ L. (1996). ESOPHAGEAL ATRESIA. PAST, PRESENT AND FUTURE. SURG 31:19.

36. WALTERS CL. (1992). REACTIONS OF NITRATE AND NITRITE IN FOODS WITH SPECIAL REFERENCE TO THE DETERMINATION OF N-NITROSO COMPOUNDS. FOOD ADDIT CONTAM; CAP. 9. PAG. 441.

37. WINK DA, FELLISCH M, VODOVOTZ Y, (1999) ET AL. IN: GILBERT DL, COTON CA, EDS.REACTIVE OXYGEN SPECIES IN BIOLOGICAL SYSTEMS. NEW YORK: KLUWER. ACADEMIC/PLENUM PUBLISHERS. : 245–91.

38. WOLFE, M.M. (2002). TERAPÉUTICA DE LOS TRANSTORNOS DIGESTIVOS. EDITORIAL MC GRAW HILL INTERAMERICANA.

39. YAZBECK C. (1995). GASTROINTESTINAL EMERGENCIES OF THE NEONATE. 4TA ED. EDITORIAL ST. LOUIS, MOSBIC – YEARBOOK. PAG. 53.

40. ZHANG C (2005). HELICOBACTER INFECTION, GLANDULAR ATROPHY AND INTESTINAL METAPLASIS IN SUPERFICIAL GASTRITIS GASTRIC EROSIVE GASTRITIS, GASTRIC ULCER AND AERLY GASTRIC CANCER. WORLD GASTROENTEROL. PAG 791.

7. ANEXOS

Pcte. No.	EDAD	SEXO	NITRITOS	pH Aclorhidria	1	2	3
1	22	F	POSITIVO	POSITIVO	X		
2	64	M	POSITIVO	POSITIVO		X	
3	35	M	POSITIVO	POSITIVO	X		
4	33	M	POSITIVO	POSITIVO			X
5	44	F	POSITIVO	POSITIVO	X		
6	24	F	POSITIVO	POSITIVO			X
7	35	M	POSITIVO	POSITIVO		X	
8	46	M	POSITIVO	POSITIVO			X
9	31	M	POSITIVO	POSITIVO			X
10	72	F	POSITIVO	POSITIVO		X	
11	28	F	POSITIVO	POSITIVO			X
12	44	M	POSITIVO	POSITIVO	X		
13	58	F	POSITIVO	POSITIVO		X	
14	36	M	POSITIVO	POSITIVO			X
15	26	F	POSITIVO	POSITIVO			X
16	44	M	POSITIVO	POSITIVO			X
17	31	F	POSITIVO	POSITIVO	X		
18	30	M	POSITIVO	POSITIVO			X
19	66	M	POSITIVO	POSITIVO	X		
20	40	F	POSITIVO	POSITIVO			X
21	21	M	POSITIVO	POSITIVO	X		
22	56	F	POSITIVO	POSITIVO		X	
23	37	F	POSITIVO	POSITIVO			X
24	71	F	POSITIVO	POSITIVO	X		
25	39	M	POSITIVO	POSITIVO			X
26	42	M	POSITIVO	POSITIVO	X		
27	70	F	POSITIVO	POSITIVO		X	
28	41	M	POSITIVO	POSITIVO	X		
29	35	F	POSITIVO	POSITIVO			X
30	68	M	POSITIVO	POSITIVO	X		
31	49	M	POSITIVO	POSITIVO		X	
32	67	F	POSITIVO	POSITIVO		X	
33	62	F	POSITIVO	POSITIVO	X		
34	55	M	POSITIVO	POSITIVO		X	
35	42	M	POSITIVO	POSITIVO		X	
36	77	M	POSITIVO	POSITIVO	X		

LEYENDA

1. METAPLASIA

2. FIBROSIS Y DISMINUCION DE GRUPOS GLANDULARES

3. METAPLASIA-DISMINUCION DE GRUPOS GLANDULARES

Pcte. No.	EDAD	SEXO	NITRITOS	pH Aclorhidria
37	26	M	NEGATIVO	NEGATIVO
38	52	F	NEGATIVO	NEGATIVO
39	36	M	NEGATIVO	NEGATIVO
40	26	F	NEGATIVO	NEGATIVO
41	44	F	NEGATIVO	NEGATIVO
42	31	M	NEGATIVO	NEGATIVO
43	30	F	NEGATIVO	NEGATIVO
44	66	M	NEGATIVO	NEGATIVO
45	40	F	NEGATIVO	NEGATIVO
46	21	F	NEGATIVO	NEGATIVO
47	28	M	NEGATIVO	NEGATIVO
48	39	F	NEGATIVO	NEGATIVO
49	42	M	NEGATIVO	NEGATIVO
50	70	M	NEGATIVO	NEGATIVO
51	41	F	NEGATIVO	NEGATIVO
52	35	F	NEGATIVO	NEGATIVO
53	68	M	NEGATIVO	NEGATIVO
54	49	F	NEGATIVO	NEGATIVO
55	67	M	NEGATIVO	NEGATIVO
56	62	F	NEGATIVO	NEGATIVO
57	55	F	NEGATIVO	NEGATIVO
58	42	M	NEGATIVO	NEGATIVO
59	77	F	NEGATIVO	NEGATIVO
60	71	M	NEGATIVO	NEGATIVO
61	28	F	NEGATIVO	NEGATIVO
62	35	F	NEGATIVO	NEGATIVO
63	68	F	NEGATIVO	NEGATIVO
64	49	F	NEGATIVO	NEGATIVO
65	67	M	NEGATIVO	NEGATIVO
66	62	F	NEGATIVO	NEGATIVO
67	42	F	NEGATIVO	NEGATÌVO
68	25	M	NEGATIVO	NEGATIVO
69	55	M	NEGATIVO	NEGATIVO
70	36	F	NEGATIVO	NEGATIVO
71	28	F	NEGATIVO	NEGATIVO
72	69	M	NEGATIVO	NEGATIVO

Pcte. No.	EDAD	SEXO	NITRITOS	pH Aclorhidria
73	22	F	NEGATIVO	NEGATIVO
74	64	M	NEGATIVO	NEGATIVO
75	35	F	NEGATIVO	NEGATIVO
76	33	F	NEGATIVO	NEGATIVO
77	44	F	NEGATIVO	NEGATIVO
78	58	F	NEGATIVO	NEGATIVO
79	36	M	NEGATIVO	NEGATIVO
80	26	F	NEGATIVO	NEGATIVO
81	44	M	NEGATIVO	NEGATIVO
82	31	F	NEGATIVO	NEGATIVO
83	30	F	NEGATIVO	NEGATIVO
84	66	M	NEGATIVO	NEGATIVO
85	40	F	NEGATIVO	NEGATIVO
86	21	F	NEGATIVO	NEGATIVO
87	56	M	NEGATIVO	NEGATIVO
88	44	F	NEGATIVO	NEGATIVO
89	31	F	NEGATIVO	NEGATIVO
90	30	M	NEGATIVO	NEGATIVO
91	66	F	NEGATIVO	NEGATIVO
92	40	M	NEGATIVO	NEGATIVO
93	21	F	NEGATIVO	NEGATIVO
94	56	F	NEGATIVO	NEGATIVO
95	37	F	NEGATIVO	NEGATIVO
96	71	F	NEGATIVO	NEGATIVO
97	39	M	NEGATIVO	NEGATIVO
98	42	F	NEGATIVO	NEGATIVO
99	70	M	NEGATIVO	NEGATIVO
100	41	F	NEGATIVO	NEGATIVO
101	35	M	NEGATIVO	NEGATIVO
102	27	F	NEGATIVO	NEGATIVO
103	36	F	NEGATIVO	NEGATIVO
104	28	F	NEGATIVO	NEGATIVO
105	35	F	NEGATIVO	NEGATIVO

ANEXO No. 3 **REGISTRO DE FICHAS DE IDENTIFICACIÓN DE PACIENTES ATENDIDOS EN EL DEPARTAMENTO DE ENDOSCOPIA. HOSPITAL SOLCA CHIMBORAZO SEPTIEMBRE 2012 – ENERO 2013.**

Ficha clínica Nº	Fecha:
Nombre del paciente:	
Lugar de residencia	
Edad:	
Sexo:	
Signos clínicos:	
Examen solicitado:	
Hallazgos endoscópicos:	
Diagnóstico presuntivo:	
Diagnóstico Histopatológico:	

ANEXO No. 4 MODELO DE REPORTE DEL INFORME DEL DEPARTAMENTO DE ENDOSCOPIA. HOSPITAL SOLCA CHIMBORAZO SEPTIEMBRE 2012 – ENERO 2013.

<table>
<tr>
<td colspan="2">HOSPITAL ONCOLOGICO
DR. FAUSTO ANDRADE YANEZ
UNIDAD ONCOLOGICA SOLCA CHIMBORAZO</td>
<td>INFORME DE ENDOSCOPIA
DIGESTIVA ALTA</td>
<td>SERVICIO DE
ENDOSCOPIA</td>
</tr>
<tr>
<td colspan="2">NOMBRE:</td>
<td>EDAD:
56 a</td>
<td>H.C. Nº:</td>
</tr>
<tr>
<td colspan="2">MÉDICO SOLICITANTE: Dr.</td>
<td colspan="2">ORIGEN: (Comunidad Lirio San José) GUAMOTE</td>
</tr>
<tr>
<td colspan="4">SÍNTOMAS: Dolor, prominencia en la boca del estómago.</td>
</tr>
<tr>
<td colspan="4">IDG:</td>
</tr>
<tr>
<td colspan="2">EQUIPO:
OLIMPUS EXERA GIF V.</td>
<td colspan="2">PREMEDICACIÓN:
Midazolam 2 mg.</td>
</tr>
<tr>
<td colspan="4">ESOFAGO:
de fácil acceso, de características normales.</td>
</tr>
<tr>
<td colspan="4">ESTOMAGO:
luz y calibre disminuído, lago mucoso en moderada cantidad verde de orígen biliar.
Lesión ulcero-infiltrativa que se extiende desde incisura angulares hasta región prepilórica que impide la visualización del píloro.
La lesión tiene una extensión de unos 5 x 3 cm que ocupa curvatura menor del antro y parte de paredes anterior y posterior.
Se biopsia con signo de tienda de campaña negativo.</td>
</tr>
<tr>
<td colspan="4">DUODENO:
no se explora por dificultad de píloro excéntrico forzado</td>
</tr>
<tr>
<td colspan="4">UREASA:</td>
</tr>
<tr>
<td colspan="4">PATOLOGÌA:</td>
</tr>
<tr>
<td colspan="4">IDGE:
LESIÓN ULCERO-INFILTRATIVA DE CURVATURA MENOR DE ANTRO TIPO BORMANN III, COMPATIBLE CON ADENO CA.</td>
</tr>
<tr>
<td colspan="2">Dr. Fabián Romero R</td>
<td colspan="2">Fecha:
/10/2013</td>
</tr>
</table>

'SOLCA' UNA MANO AMIGA AL SERVICIO DE LOS CHIMBORACENSES

ANEXO No. 5 REPORTE DE INFORME HISTOPATOLÓGICO DIAGNOSTICADO EN EL DEPARTAMENTO DE PATOLOGÍA. HOSPITAL SOLCA CHIMBORAZO SEPTIEMBRE 2012 – ENERO 2013.

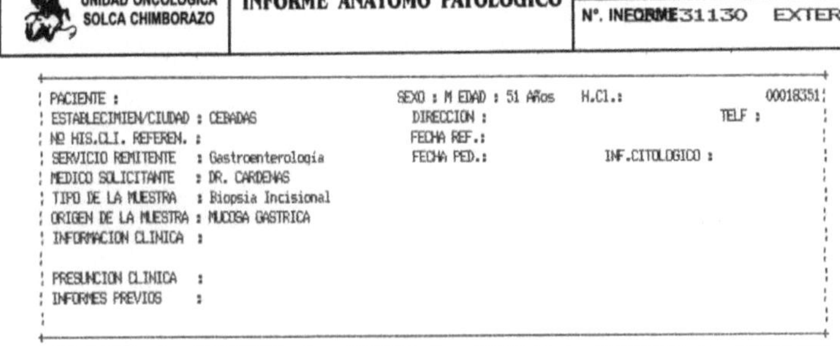

PACIENTE :	SEXO : M EDAD : 51 Años	H.Cl.:	00018351
ESTABLECIMIEN/CIUDAD : CEBADAS	DIRECCION :		TELF :
NO HIS.CLI. REFEREN. :	FECHA REF.:		
SERVICIO REMITENTE : Gastroenterología	FECHA PED.:	INF.CITOLOGICO :	
MEDICO SOLICITANTE : DR. CARDENAS			
TIPO DE LA MUESTRA : Biopsia Incisional			
ORIGEN DE LA MUESTRA : MUCOSA GASTRICA			
INFORMACION CLINICA :			
PRESUNCION CLINICA :			
INFORMES PREVIOS :			

HISTOQUIMICA : 0   INMUNOHISTOQ. : 0   FOTOGRAFIA : N   NO PLACAS : 1   NO MUESTRAS : 1   ARCHIVAR :12m

INFORME:

MACROSCOPIA:

Se recibe por separado:
1.ROTULADO "ANTRO".- Se recibe dos fragmentos de tejido irregular de
consistencia blanda de color gris blanquecino que en conjunto miden 0,4cm. Se
procesa toda la muestra.
2.ROTULADO "CUERPO".- Se recibe dos fragmentos de tejido irregular de
consistencia blanda de color gris blanquecino que en conjunto miden 0,4cm. Se
procesa toda la muestra.
3.ROTULADO "INCISURA".- Se recibe un fragmento de tejido irregular de
consistencia blanda de color gris blanquecino que mide 0,3cm. Se procesa toda la
muestra.

MICROSCOPIA:

DIAGNOSTICO:

DIAGNOSTICO DESCRIPTIVO
BIOPSIA DE MUCOSA GASTRICA
 - Gastritis Crónica Erosiva Folicular Activa Moderada Atrófica,
   Focal Metaplasia Intestinal Completa
 - Helicobacter Pylori (++)
 - Grupo II

     GA
TOPOGRAFIAS:
211.1 ESTOMAGO   535.0 GASTRITIS CRONICA ACTIVA.
000.4 HELICOBACTER PYLORI
MORFOLOGIAS:

SOLCA - Chimborazo, Lunes 30 de Septiembre de 2013   09:08:45

DEPART...
3 0 SEP 2013
PATO...
SRA. GABRIELA ALOMÍA
PATOLOGO
Jefe de servicio

ANEXO No. 6   FISIOLOGÍA GÁSTRICA

ANOMALIA	INCIDENCIA	EDAD DE PRESENTACION	SIGNOS Y SINTOMAS	TRATAMIENTO
Atresia gástrica, antral o pilórica	3:1000.000, cuando se combinan dos membranas	Lactancia	Vómitos no biliosos	Gastroduodenostomia, gastroyeyunostomia
Membrana pilórica o antral	Igual que la anterior	Cualquier edad	Fracaso de la maduración, vómitos	Incisión o exeresis piloroplastia
Microgastria	Rara	Lactancia	Vómitos, desnutrición	Alimentos por goteo continuo o bolsillo yeyunal como reservorio
Estenosis pilórica	En los Estados Unidos, 3:1.000 (regional, 1:1.000-8:1.000) masculino/femenino 4:1	Lactancia	Vómitos no biliosos	Piloromiotomia
Duplicación gástrica	Rara masculino/femenino, 1:2	Cualquier edad	Masa abdominal, vómitos, hematemesis, peritonitis si se rompe	Exeresis o gastrectomía parcial
Divertículo gástrico	Rara	Cualquier edad	Por lo general, asintomático	No suele ser necesario
Teratoma gástrico	Rara	Cualquier edad	Masa abdominal alta	Resección
Vólvulo gástrico	Rara	Cualquier edad	Vomitos, rechazo del alimento	Reducción del vólvulo, gastropexia anterior
Atresia o estenosis duodenal	1:20.000	Neonato	Vómitos biliosos, distensión abdominal alta	Duodenoyeyunostomia o gastroyeyunostomia
Páncreas anular	1:10.000	Cualquier edad	Vómitos biliosos, fracaso de la maduración	Duodenoyeyunostomia
Duplicación duodenal	Rara	Cualquier edad	Hemorragia digestiva, dolor	Exeresis
Malrotacion y vólvulo del intestino medio	Rara	Cualquier edad	Vómitos biliosos, distensión abdominal alta	Reducción, sección de bandas, posiblemente resección.

yes I want morebooks!

Buy your books fast and straightforward online - at one of world's fastest growing online book stores! Environmentally sound due to Print-on-Demand technologies.

Buy your books online at
www.morebooks.shop

¡Compre sus libros rápido y directo en internet, en una de las librerías en línea con mayor crecimiento en el mundo! Producción que protege el medio ambiente a través de las tecnologías de impresión bajo demanda.

Compre sus libros online en
www.morebooks.shop

info@omniscriptum.com
www.omniscriptum.com

Printed by Books on Demand GmbH, Norderstedt / Germany